기계정비 산업기사

기계정비실무 실기

박준호, 윤순배, 정용섭, 김진우 공저

光 文 閣
www.kwangmoonkag.co.kr

머리말

본 교재는 국가기술자격검증 시험의 일환인 '기계정비산업기사 실기' 내용을 기반으로 저자가 다년간의 실무 경험에서 비롯된 기계 정비의 노하우를 더하였다. 점차 고속화, 대형화, 정밀화, 복잡화되는 근래의 플랜트에서 기계 정비는 생산성, 즉 이윤과 직결되는 중요한 항목이다.

흔히 기계 정비라 하면 기계장치가 고장이 났을 때, 원인을 파악하여 이를 분해하고, 부품을 교체하는 활동을 생각하기 마련이다. 그러나 기계 정비를 단순히 기계장치를 원래의 상태로 되돌린다는 의미로만 해석하기엔 무리가 있다. 물론 문제의 원인을 파악하고, 해결하는 능력은 엔지니어의 중요한 자질 중 하나이다. 하지만 기계 정비는 기계장치를 보수하는 것 이외에 기계장치를 진단하고, 이를 정량적으로 관측하여 미래를 예측하는 활동을 통해 잠재적 미가동 요소를 제거하는 활동이 수반되어야 한다. 그리고 더 나아가 기계장치의 개조를 통해 성능을 향상시키고, 이전에 발생한 문제가 재발생되지 않도록 해야 한다.

본 교재는 Chapter 1에서 Chapter 5까지 구성되어 있으며, 각 Chapter별로 내용을 간략히 요약하면 아래와 같다.

Chapter 1에서는 기계장치 중에서도 비교적 구조가 간단한 '웜기어 감속기'의 분해 및 조립 작업, 부품 제작, 프리-핸드 스케치 작업을 해봄으로써 감속기의 구조와 각 부품의 용도, 규격 등을 이해할 수 있도록 하였다.

Chapter 2를 통해 자동화 플랜트, 항공, 의료 등의 산업 전반에 사용하는 공유압 시스템의 작동 원리를 이해하고, 시스템 구성을 통해 공유압 기기 간의 상관관계를 파악하여, 나아가 이상 유무를 확인할 수 있어야 한다.

Chapter 3에서는 소음과 진동에 대한 기본 이론을 바탕으로 회전기기의 이상 유무를 진단하기 위해 사용하는 소음 측정기와 진동 측정기의 작동 원리와 사용 방법, 측정 데이터 분석에 관한 내용을 다루었다.

Chapter 4는 간단한 전기 회로도를 보고, 회로도에 맞게 회로를 구성하는 방법과 측정기를 이용하여 물리량을 측정하는 방법에 대해 자세히 설명되어 있다.

마지막으로 Chapter 5는 앞서 배운 내용을 이해하고, 응용이 가능한지를 알아보기 위한 연습문제들을 수록하였다.

이 책을 통해 산업 현장 Maintenance에 종사하는 사람들과 기계정비산업기사 실기시험을 준비하는 수험생들에게 큰 도움이 되길 바라며, 책이 무사히 출판될 수 있도록 많은 도움을 주신 분들과 광문각출판사 박정태 회장님과 임직원 여러분께 감사의 마음을 전합니다.

기계정비산업기사 실기 출제 기준

(출처 : 산업인력공단 Q-net, 기계정비 산업기사 출제 기준 中)

분야	기계	직무	기계장비 설비 · 설치	자격	기계정비산업기사	적용 기간	2019.1.1 ~ 2023.12.31

○ 직무 내용

설비의 장치 및 기계를 효율적으로 관리하기 위해 예측, 예방 및 사후 정비 등을 통하여 정비 작업 등의 직무를 수행

○ 수행 준거

1. 기계의 전기회로 시스템을 이해하고 측정 장치 등을 사용하여 관련 전기 장치의 고장을 진단할 수 있다.
2. 소음 및 진동 측정 장비 등을 사용하여 기계를 진단할 수 있다.
3. 유 · 공압 및 전기 시스템을 이해하고 회로를 구성하여 동작시험을 할 수 있다.
4. 기계요소를 이해하고 기계 정비용 장비 및 공구를 사용하여 부품 교체 작업을 할 수 있다.

실기검정방법	작업형	시험시간	약 6시간

주요 항목	세부 항목	내용
1. 전기 전자 장치 조립	전기전자 회로도 파악하기	1. 전기전자 배선을 파악하기 위하여 회로도의 기호를 해독할 수 있다. 2. 전기전자 회로도에 따라 정확한 전기전자 부품의 규격을 파악할 수 있다. 3. 전기전자 회로도를 통하여 전기전자 기계의 동작 상태와 고장 원인을 확인할 수 있다.
	전기전자 장치 선택하기	1. 작업표준서에 따라 정확한 전기전자 장치 부품을 지정된 위치를 파악하고 조립할 수 있다. 2. 전기전자 장치를 조립하기 위하여 규격에 적합한 조립 공구와 장비를 사용할 수 있다. 3. 전기전자 장치 조립 작업의 안전을 위하여 전기전자 장치 조립 시 안전 사항을 준수할 수 있다.
	전기전자 장치 기능 확인하기	1. 전기전자 장치의 기능을 확인하기 위하여 조립된 전기전자 장치를 측정하고 조립도와 비교할 수 있다. 2. 조립된 전기전자 장치를 구동하기 위하여 간섭과 동작 상태를 확인하고, 이상 발생 시 수정하여 조립할 수 있다. 3. 전기전자 장치의 기능을 확인하기 위하여 측정한 데이터를 기록하고 관리할 수 있다.

2. 진동 측정	진동 측정 장비 선정하기	1. 진동측정 계획에 따라 측정 대상과 측정 목적을 확인할 수 있다. 2. 진동측정 계획에 따라 진동측정 대상이나 방법을 검토할 수 있다. 3. 진동측정 계획에 따라 측정 장비를 선정할 수 있다. 4. 진동측정 계획에 따라 진동 발생원을 선정할 수 있다.
	진동 장비 운용하기	1. 진동측정 대상과 측정방법에 따라 진동을 측정할 수 있다. 2. 진동측정 계획에 따라 대상진동 및 배경진동을 측정할 수 있는 환경 조건을 확인할 수 있다. 3. 진동관련 법규 및 기준에 따라 대상 진동을 측정할 수 있다.
	진동 특성 자료 기록하기	1. 소음진동공정시험 기준이나 KS 등 시험규격에 따라 진동측정 대상 과 측정 목적에 맞는 기록지 양식을 작성할 수 있다. 2. 소음진동공정시험 기준이나 KS 등 시험규격에 따라 진동측정 시 측 정지점의 온도, 습도 등 주변 환경과 측정 일시를 기록할 수 있다.
3. 소음 측정	소음 측정 장비 선정하기	1. 소음측정 계획에 따라 측정 대상과 측정 목적을 확인할 수 있다. 2. 소음측정 계획에 따라 소음측정 대상이나 방법을 검토할 수 있다. 3. 소음측정 계획에 따라 측정 장비를 선정할 수 있다. 4. 소음측정 계획에 따라 소음 발생원 장비를 선정할 수 있다.
	소음 측정 장비 운용하기	1. 소음측정 대상과 측정방법에 따라 소음을 측정할 수 있다. 2. 소음측정 계획에 따라 대상소음 및 배경소음을 측정할 수 있는 환경 조건을 확인할 수 있다. 3. 소음관련 법규 및 기준에 따라 대상소음을 측정할 수 있다.
	소음 측정 자료 기록하기	1. 소음진동공정시험 기준이나 KS 등 시험규격에 따라 소음측정 대상 과 측정 목적에 맞는 기록지 양식을 작성할 수 있다. 2. 소음진동공정시험 기준이나 KS 등 시험규격에 따라 소음측정 시 측 정 지점의 온도, 습도 등 주변 환경과 측정 일시를 기록할 수 있다.
4. 유공압 시스템 설계	요구사양 파악하기	1. 고객의 요구사항을 파악하여 문서로 작성할 수 있다. 2. 파악된 요구사항의 충족 가능성을 확인할 수 있다. 3. 유공압 요소의 구성관계를 확인하고 문서로 정리할 수 있다.
	유공압 시스템 구상하기	1. 유공압 장치의 작동 원리를 이해하고 유공압 시스템을 구상할 수 있다. 2. 유공압 장치의 작동 이상 유무를 파악하고 안전성을 고려하여 시스 템을 구상할 수 있다. 3. 유공압 장치의 이상 유무의 진단이 용이하도록 시스템을 구상할 수 있다. 4. 시뮬레이션을 통해 시스템에 대한 오류를 확인하고 수정할 수 있다.

	유공압
	시스템
	설계하기
		1. 고객의 요구사항 반영 내용을 확인하고 유공압 시스템을 설계할 수
		   있다.
		2. 유공압 장치의 작동원리를 이해하고 유공압 시스템을 설계할 수 있다.
		3. 유공압 장치의 작동 이상 유무를 파악하고 안전성을 고려하여 시스
		   템을 설계할 수 있다.
		4. 유공압장치의 이상 유무의 진단이 용이하도록 시스템을 구상할 수
		   있다.
		5. 시뮬레이션을 통하여 설계 시스템에 대한 오류를 확인하고 검증할
		   수 있다.

5.
공기압
제어
	공기압
	제어 방식
	설계하기
		1. 공기압 요소의 종류에 따라 제어 및 구동에 필요한 사양을 선정할
		   수 있다.
		2. 시스템에서 요구되는 제어의 목적과 용도에 따라 제어 방법을 설계
		   할 수 있다.
		3. 선정된 결과물을 정리하여 제공할 수 있다.

	공기압
	제어 회로
	구성하기
		1. 부품의 종류에 따른 배선방법 및 구성 기기 간의 관계를 파악하고
		   회로도를 작성할 수 있다.
		2. 부품의 특성에 따른 설치방법을 파악하고 요구되는 조건 및 성능을
		   충족하여 작동할 수 있도록 설치할 수 있다.
		3. 회로도에 근거하여 전기 배선 및 배관을 할 수 있다.

	시험 운전하기	1. 회로도를 이용하여 동작을 시킬 수 있다. 2. 공기압 기기의 출력 조정, 속도 조정 등의 조작을 부하의 운동 특성 에 맞게 조정할 수 있다. 3. 시운전을 통한 공기압 기기의 이상 유무를 파악할 수 있다.

6.
유압
제어
	유압제어
	방식
	설계하기
		1. 유압 요소의 종류에 따라 제어 및 구동에 필요한 사양을 선정할 수
		   있다.
		2. 시스템에서 요구되는 제어의 목적과 용도에 따라 제어방법을 설계
		   할 수 있다.
		3. 선정된 결과물을 정리하여 제공할 수 있다.

	유압제어
	회로
	구성하기
		1. 부품의 종류에 따른 배선방법 및 구성 기기 간의 관계를 파악하고
		   회로도를 작성할 수 있다.
		2. 부품의 특성에 따른 설치방법을 파악하고 요구되는 조건 및 성능을
		   충족하여 작동할 수 있도록 설치할 수 있다.
		3. 회로도에 근거하여 전기 배선 및 배관을 할 수 있다.

	시험 운전하기	1. 회로도를 이용하여 동작을 시킬 수 있다. 2. 유압 기기의 출력 조정, 속도 조정 등의 조작을 부하의 운동 특성에 맞게 조정할 수 있다. 3. 시운전을 통한 유압 기기의 이상 유무를 파악할 수 있다.

7. 조립 도면 작성	부품규격 확인하기	1. 기계 도면에 따라 기계전용 부품이 규격에 적합한지 여부를 확인할 수 있다. 2. 기계 도면에 따라 기계요소 부품이 규격에 적합한지 여부를 확인할 수 있다. 3. 기계 도면에 따라 기계 설계자와 부품 규격에 대한 특정 요구 항목 을 협의할 수 있다.
	도면 작성하기	1. 정확한 치수로 작성하기 위하여 좌표계를 설정할 수 있다. 2. 산업표준을 준수해 여러가지 도면 요소들을 작성 및 수정할 수 있다. 3. 자주 사용되는 도면 요소를 블록화하여 사용할 수 있다. 4. 제도 도구를 이용하여 부품 및 조립도를 스케치할 수 있다. 5. 요구되는 형상과 비교 · 검토하여 오류를 확인하고, 발견되는 오류 를 즉시 수정할 수 있다.
8. 조립 안전 관리	안전기준 확인하기	1. 작업장에서 안전사고를 예방하기 위해 안전기준을 확인할 수 있다. 2. 정기 또는 수시로 안전기준을 확인하여 보완할 수 있다.
	안전수칙 준수하기	1. 안전기준에 따라 안전보호 장구를 착용할 수 있다. 2. 안전기준에 따라 작업을 수행할 수 있다. 3. 안전기준에 따라 준수사항을 적용할 수 있다. 4. 안전사고를 방지하기 위한 예방 활동을 할 수 있다.
9. 동력 전달 장치 정비	감속기 정비하기	1. 기어를 점검할 수 있다. 2. 커플링을 점검할 수 있다. 3. 역전 장치를 점검할 수 있다. 4. 기준과 비교하여 마모 한계 도달 및 이상 부품을 판정할 수 있다. 5. 비파괴 검사방법을 결정하고 결과를 판정할 수 있다. 6. 보수방법을 선정하여 보수를 수행할 수 있다. 7. 얼라이먼트(Alignment)를 조정할 수 있다.
	축계 정비하기	1. 축, 선미관을 분해, 발출할 수 있다. 2. 기준과 비교하여 마모 한계에 달하거나 또는 이상 부품을 판정할 수 있다. 3. 비파괴 검사방법을 결정하고 결과를 판정할 수 있다. 4. 보수방법을 선정하여 보수를 수행할 수 있다. 5. 축, 선미관을 조립할 수 있다. 6. 얼라이먼트(Alignment)를 조정할 수 있다.

차례

Chapter 1. 기계 요소 정비작업

1. 감속기의 구조 ·· 13

2. 감속기 분해작업 ··· 34

3. 감속기 부품 측정 및 스케치 ······················· 52

4. 개스킷 제작 ··· 82

5. 감속기 조립작업 ·· 87

Chapter 2. 공·유압회로 구성작업

1. 공압 기기 ·· 99

2. 전기전자 제어 기기 ···································· 104

3. 공압회로의 구성 ··· 112

4. 변위 - 단계 선도 ··· 119

5. 유압 기기 ·· 120

6. 유압회로의 구성 ··· 127

Chapter 3. 설비 진단 및 측정작업

1. 설비 진단 기술 ··· 135

2. 소음 측정 ·· 138

3. 진동 측정 ·· 150

Chapter 4. 전기전자장치 측정작업

1. 전압과 전류 ·· 219
2. 저항 ·· 220
3. 전기전자장치 측정 ··· 225

Chapter 5. 연습문제

1. 기계 요소 정비 작업 ·· 235
2. 공ㆍ유압회로 구성작업 ·· 246
3. 설비 진단 측정작업 ·· 267
4. 전기전자장치 측정작업 ·· 276

CHAPTER 1

기계 요소 정비작업

1. 감속기의 구조

2. 감속기 분해작업

3. 감속기 부품 측정 및 스케치

4. 개스킷 제작

5. 감속기 조립작업

01 ——————— 기계 요소 정비작업

본 Chapter에서는 감속기를 기계 정비의 대상으로 설정하여 이를 분해/조립하고, 각 부품의 명칭과 용도를 익히며, 간단한 부품의 제작과 도면의 프리-핸드 스케치 방법에 대해 다루고 있다.

1. 감속기의 구조

1) 감속기의 개요

(1) 감속기의 정의

감속기는 모터 또는 원동기의 속도를 줄이는 대신 회전력을 증대시키는 장치로 입력축과 출력축의 감속비로 속도가 결정된다. 기어를 이용한 감속기는 다른 감속 장치에 비해 정확한 속도비를 가지며 작은 구조에 큰 동력과 높은 효율을 내는 등의 장점이 있어, 다양한 분야에 폭넓게 사용되고 있다. 기본적으로 감속기를 구분하는 가장 큰 요소는 감속비와 중심 거리이다. '한국기계전기전자시험연구원'에서는 웜기어를 이용한 감속기의 일반적인 감속비와 중심거리에 대해 다음과 같이 제정했다.

웜기어 감속기 타입		감속비
1단		10, 15, 20, 25, 30, 40, 50, 60, 70, 80, 90, 100
다단	웜	200, 300, 400, 500, 600, 800, 900, 1000, 1200, 1500, 1600, 1800, 2000, 2500, 3000, 3600
	헬리컬 웜	10, 20, 30, 40, 50, 60, 75, 90, 120, 150, 180, 200, 240

[표 1-1] 웜기어 감속기의 감속비

중심 거리 (mm)	오차 (mm)
10, 15, 20, 25, 30	±0.1
40, 50, 60, 70, 75, 80, 90, 100, 110	±0.15
130	±0.2

[표 1-2] 감속기의 중심거리와 오차

감속비는 감속기 타입에 따라 나뉘며, 1단 감속기의 경우 1/10 ~ 1 : 100까지, 다단 감속기의 경우 1 : 10 ~ 1 : 3600까지 감속된다. 또 입력축과 출력축의 중심 거리는 감속비와 함께 감속기에 대한 중요한 정보 중 하나이다. 오차값에 따라 중심 거리가 10 ~ 130mm까지 구분된다. 여기서 중심 거리의 오차가 클수록 기어의 마멸이 빨라지므로 주의해야 한다. 설계자는 앞서 설명한 두 가지 요소, 즉 기어비와 중심 거리를 고려하여 감속기를 선택하는 것이 중요하다.

다음 사진은 앞으로 본 교재에서 다룰 감속기로 '(주)삼양 감속기 SY-WU-60'이며, 감속비는 1:20, 중심 거리 60mm의 감속기이다. 감속비가 1:20이므로 원동축(입력축)을 20바퀴 돌리게 되면 종동축(출력축)이 한 바퀴 회전한다. 단 종동축을 돌려도 원동축은 돌아가지 않는다. 이는 감속기 내부에 웜이 원동축(입력축)에 있고, 웜휠이 종동축(출력축)에 있기 때문이다. 웜과 웜휠은 서로 맞물려 돌아가는데, 구조상 웜이 회전하면서 웜휠을 돌리는 것은 가능하지만 웜휠을 돌려서 웜을 돌리는 것은 어렵다.

[그림 1-1] SY-WU-60, 감속비 1:20, 중심 거리 60mm 감속기

　감속기가 적용된 대표적인 예를 우리 일상생활에서 들어보도록 하자. 전기차의 모터에 장착된 감속기를 들 수가 있다. 최근 대기오염 개선을 위해 정부에서 장려하고 있는 전기차는 엔진과 변속기가 없는 대신 모터와 감속기가 장착되어 있다. 내연기관의 경우, 회전 속도에 따른 회전력이 각각 다른 특성을 가지기 때문에 변속기를 이용해 알맞은 기어를 선택해야 한다. 시동을 걸고 정지 상태에서 고속 기어를 놓고 출발할 수 없는 이유가 바로 이것이다. 하지만 전기모터의 경우, 속도에 따른 회전력이 일정하다. 인버터에서 모터의 회전 속도(주파수)를 제어하고, 감속기에서 모터의 출력 속도를 낮추는 대신 회전력을 올리는 역할을 한다. 이러한 이유로 전기차는 내연기관 자동차 대비 변속 충격이 거의 없고, 단시간에 빠른 속도와 큰 회전력을 낼 수 있는 장점이 있다. 하지만 배터리의 사이즈가 크고, 연료를 사용하는 내연기관에 비해 충전 시간이 오래 걸리는 단점이 있다.

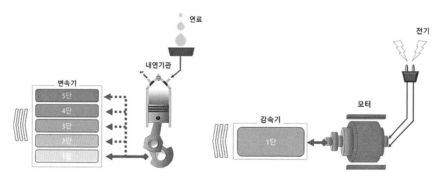

[그림 1-2] 내연기관 변속기와 전기모터 감속기

2) 감속기의 구조와 명칭

(1) 감속기의 구성

감속기의 구조에 대해 알아보자. 감속기의 구성으로는 크게 축 부품류, 커버 부품류, 기밀 유지 부품류로 나뉜다.

① 축 부품류: 동력 전달과 관련된 부품으로 축, 베어링, 기어 등이 속한다.

② 커버 부품류: 감속기의 외형 부분으로 감속기 내부 부품들의 위치를 고정하고, 보호하는 역할을 한다. 감속기 케이스와 각종 커버 등이 커버 부품류에 속한다.

③ 기밀 유지 부품류: 감속기 내에 윤활을 위한 오일이 밖으로 새어 나가는 것을 방지하기 위한 부품으로 오일실, 오-링, 개스킷 등이 여기에 속한다.

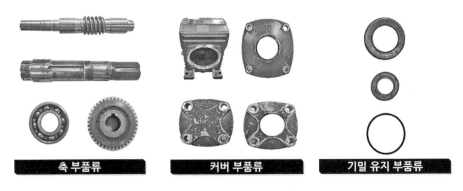

[그림 1-3] 감속기 부품의 구성

(2) 부품별 명칭

감속기 조립도면을 보고, 부품별 명칭에 대해서 간략하게 알아보자. 아래 그림은 감속기의 조립도와 조립도에 나타나 있는 번호에 해당하는 부품의 명칭을 표로 나타냈다. 표 왼쪽 숫자가 부품번호이고, 숫자 오른쪽에 부품번호에 맞는 부품의 명칭이 순서대로 정렬되어 있다. 감속기를 구성하는 부품은 1번 케이스부터 웜휠, 원동축, 종동축, 종동축 커버, 원동축 커버, 베어링, 오일 실, 오-링, 유면창, 오일캡, 드레인플러그, 키, 볼트. 그리고 마지막 개스킷까지 총 19종의 부품으로 이루어져 있다.

여기서 명칭은 같으나 번호가 다른 것들이 몇 가지 보인다. 이는 말 그대로 명칭이나 기능은 같은데, 형상이나 규격이 다른 부품을 말한다. 예를 들어 부품의 명칭이 같은 원동축 커버 6번과 7번을 보자. 6번 커버의 경우 원동축이 관통하는 구멍이 있지만, 7번 커버는 막혀 있다. 둘 다 원동축을 보호하는 커버라는 역할은 같지만, 하나는 구멍이 존재하고, 다른 하나는 막혔기 때문에 부품번호가 둘로 나뉜 것이다.

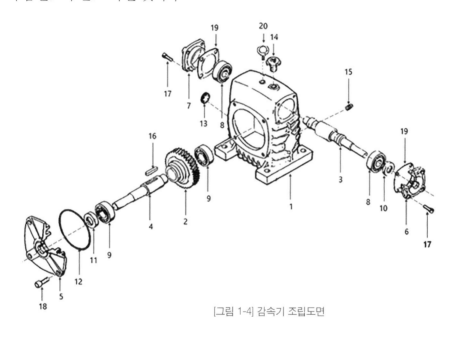

[그림 1-4] 감속기 조립도면

부품번호	부품명	부품번호	부품명
1	케이스(case)	11	오일 실(Oil Seal)
2	웜휠(worm wheel)	12	O-링(O-Ring)
3	원동축	13	유면창(유면계)
4	종동축	14	오일캡(에어 벤트)
5	종동축 커버	15	드레인 플러그(Drain Plug)
6	원동축 커버	16	키(Key)
7	원동축 커버	17	볼트
8	베어링(bearring)	18	볼트
9	베어링(bearring)	19	개스킷(Gasket)
10	오일 실(Oil Seal)	20	아이 볼트

[표 1-3] 감속기 부품표

(3) 부품별 용도 및 규격

① 감속기 케이스

감속기의 내부 부품들을 보호하고, 각 부품들의 위치를 결정하는 몸체 역할을 한다. 보통 케이스의 경우, 형상이 기하학적이기 때문에 쇳물을 형틀에 넣어서 성형하는 주물 제작 방식을 이용한다. 그리고 감속기 상부에는 감속기의 제조사와 감속기의 주요한 정보가 담긴 플레이트가 장착되어 있다.

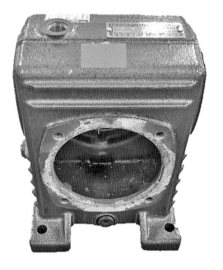

[그림 1-5] 감속기 케이스

② 웜휠(Worm Wheel)

웜휠은 원동축의 웜과 수직으로 맞물려 작동되며 원동기에서 발생하는 회전수를 줄여주는 역할을 한다. 회전수는 웜휠의 이빨 수가 많을수록 출력축의 속도가 느려지는 대신 큰 회전력을 전달한다. 종동축과 고정되는 보스 부분과 기어 부분으로 나뉘어져 있다.

기어

보스

[그림 1-6] 웜휠

※ 참고) 기어의 특징

우선 기어는 회전축의 동력을 전달하기 위해 두 개 이상의 원형 디스크에 이빨을 가공하여 맞물린 형태로 회전하는 기구로써, 마찰을 이용하여 동력을 전달하는 회전차에 비해 미끄럼에 의한 에너지 손실이 없는 장점이 있다.

기어의 주요 명칭에대한 설명은 다음과 같다.

ⓐ 아래 그림과 같이 두 기어가 구름 접촉을 하는 기준 원을 피치원이라 하고, 피치원 지름과 기어의 중심선이 만나는 점을 피치점이라 한다.

ⓑ 이때 피치점의 접선과 기어의 중심선의 각도가 압력각이다. 압력각이 커질수록 이빨의 모양이 뾰족해진다. 일반적인 웜기어의 경우, 압력각은 20°를 많이 사용한다.

ⓒ 이 끝 높이는 피치선에서 이 끝까지의 높이고,

ⓓ 이뿌리 높이는 피치선에서 이뿌리까지의 높이다. 이뿌리 높이는 이 끝 높이에 틈새를 더한 값이며, 이때 틈새는 기어가 맞물려 돌아갈 때 이 끝과 이뿌리의 간섭을 피하기 위해 주는 여유 값이라 보면 된다.

ⓔ 이 높이는 이 끝 높이와 이뿌리 높이의 합이다.

ⓕ 마지막으로 모듈은 피치원 지름을 기어 이빨의 수로 나눈 값으로, 모듈이 클수록 이빨의 크기가 커진다.

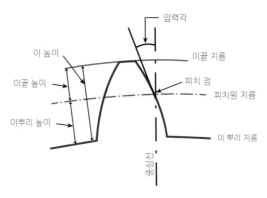

[그림 1-7] 기어의 주요 명칭

③ 원동축

원동기(모터)에 연결되는 입력축 부분으로 웜이 일체형으로 가공되어 있다. 이 웜과 앞서 나온 웜휠이 맞물려 원동기의 회전력과 회전수를 종동축 또는 축력축으로 전달한다.

웜의 양쪽에 같은 사이즈의 베어링이 장착되어 원동축이 안정적으로 회전할 수 있도록 한다.

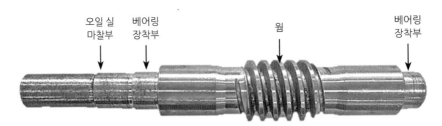

[그림 1-8] 원동축

※ 참고) 웜기어의 특징

웜기어란, 두 축이 직교하는 동력 전달 장치에 사용하며 한 줄 이상의 나사산이 비스듬하게 가공되어, 끝이 오목한 웜휠과 한 쌍으로 맞물려 돌아간다.

여기서 웜의 줄 수는 원통에 나사산이 몇 줄로 감기냐에 따라 정해진다. 아래 그림과 같이 실을 실타래에 감는다고 가정하고 실을 나사산, 실타래를 원통이라 보자. 실을 하나만 감았을 때는 1줄, 두 개의 줄을 이용해 나란히 감았을 때는 2줄, 세 개의 줄로 감았다면 3줄이다.

<〈1줄〉> <〈2줄〉> <〈3줄〉>

[그림 1-9] 줄 수 예시

웜기어를 이용한 감속기의 특징은 다음과 같다.

첫째, 이빨 면에서의 슬립, 즉 미끄럼이 커서 전동 효율이 다른 기어에 비해서는 떨어진다.

둘째, 중심 거리 오차가 크면 이빨의 마멸이 심해진다.

셋째, 작은 용량으로 큰 감속비를 얻을 수 있으며, 역회전이 방지된다.

④ 종동축

종동축은 웜휠에 의해 감속된 회전력이 전달되는 출력축이다. 아래 사진과 같이 축 가운데에 웜휠이 미끄러지지 않게 잡아 주는 키(Key)가 키 홈에 장착된다. 그리고 웜휠이 장착되는 양쪽 단가공 부분에는 베어링이 장착되어 종동축을 고정하고, 안정적으로 회전될 수 있도록 한다. 그림에서 가장 오른쪽의 키 홈이 있는 부분은 다른 축과 연결되기 위해 커플링이나, 기어, 스프라켓, 풀리 등이 장착될 것이다.

베어링
장착부

키 홈
(웜 휠 장착부)

베어링
장착부

키 홈

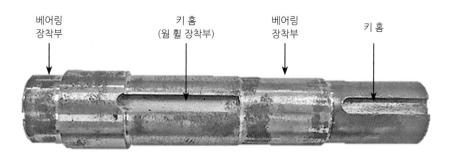

[그림 1-10] 종동축

⑤ 종동축 커버

종동축 커버는 종동축의 베어링을 고정하는 하우징의 역할과 기밀을 유지하는 역할을 한다. 아래 왼쪽 사진과 같이 왼쪽 커버 가운데 축의 기밀을 유지하는 오일실이 장착되고, 케이스와의 결합은 같은 사이즈의 볼트 4개가 사용된다. 또 가운데 그림인 종동축 커버 후면 사진을 보면, 베어링이 고정되는 하우징을 볼 수 있다. 종동축 베어링 두 개 중에 축이 케이스 밖으로 돌출되는 부분과 가까운 쪽에 있는 베어링이 여기에 고정된다. 반대편 베어링은 케이스 내부에 일체형으로 가공된 하우징부에 장착된다.

[그림 1-11] 종동축 커버

⑥, ⑦ 원동축 커버

원동축 커버는 종동축 커버와 마찬가지로 원동축의 베어링을 고정하는 하우징과 기밀을 유지하는 역할을 한다. 커버를 뒤집어 보면 베어링이 고정되는 하우징을 볼 수 있다. 아래 왼쪽 사진의 커버에는 구멍이 있어, 원동축이 관통된다. 관통된 축의 일부가 원동기와 연결되어 회전력을 전달한다. 케이스와의 결합은 같은 사이즈의 볼트 4개가 각각 사용된다.

여기서 주의할 점은 케이스의 방향, 즉 축의 방향이 바뀌어 장착되어도 감속기는 문제없이 작동한다. 이 말은 커버의 축 관통 홀의 유무를 제외하고 다른 사이즈는 같다는 얘기다. 또 감속기 조립도면의 부품번호 ⑧번 베어링

(원동축에 장착되는 베어링) 두 개가 같은 사양이므로 원동축의 웜을 기준으로 양쪽 베어링 장착부의 형상이 대칭이라는 얘기가 된다.

반드시 조립도면의 원동축과 커버의 방향을 확인하고, 조립하는 것이 중요하다.

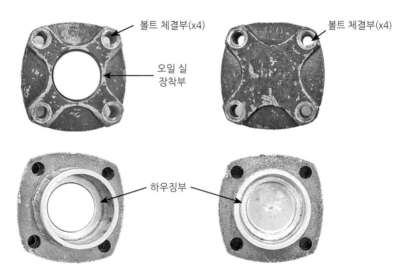

[그림 1-12] 원동축 커버

⑧ 베어링(Bearing)

원동축 베어링은 원동축 커버에 고정되어, 원동축에 걸리는 하중을 지지하고, 축의 마찰을 감소시키는 역할을 한다. 베어링은 내륜과 외륜, 그리고 내륜과 외륜 사이에서 마찰을 감소시켜 주는 부분이 있다. 이 부분이 면 접촉을 하면서 미끄러지듯 회전하는 베어링을 '미끄럼 베어링'이라 하고, 볼이나 롤러가 들어가서 점 또는 선 접촉을 하면서 회전하는 베어링을 '구름 베어링'이라 한다. 다음 그림은 리테이너 내부에 볼이 장착된 '구름 베어링'의 한 종류이다.

원동축 베어링의 규격은 다음 사진과 같이 베어링 전면부 외륜 측에 나와 있으니, 실제 육안으로도 확인된다. 원동축 베어링의 규격은 '깊은 홈형 볼 베어링 6204'이다.

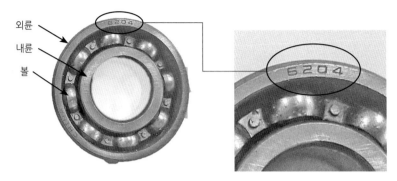

[그림 1-13] 원동축 베어링 및 전면부 사양 표시

※ 참고) 베어링 규격 확인(KS B 2012)

베어링 사양 구분법은 '국가표준인증시스템'에 KS B 2012를 확인하면 자세히 나오니, 참고하기 바란다.

예를 들어 아래 그림에 나와 있는 문자 '6206ZZ'를 보자.

ⓐ 첫 번째 숫자인 6은 베어링의 종류를 나타낸다. 6의 경우는 깊은 홈형 볼 베어링을 뜻하고, 7의 경우엔 앵귤러 볼베어링으로 표현된다.

ⓑ 두 번째 자릿수 2는 베어링의 외경 계열을 나타낸다. 베어링의 종류와 내경 사이즈에 따라 외경이 달라진다.

ⓒ 세 번째와 네 번째 자릿수는 베어링의 내경을 나타내는 숫자다. 00은 10mm, 01은 12mm, 02는 15mm, 03은 17mm를 뜻한다. 04 이후로는 자리 번호에 5를 곱한 값이 내경이다. 예를 들어 07이 적혀 있을 경우, 7에 5를 곱하면 35이므로 베어링의 내경은 35mm이다.

ⓓ 마지막으로 뒤에 붙은 알파벳은 보조기호로 접촉각이나 커버, 내/외륜 타입, 틈새 등을 표시한다. 그림의 ZZ는 양쪽면에 강판 커버가 덮여 있다는 뜻이다. 아무것도 적혀 있지 않은 경우, 커버가 없는 일반 베어링 타입이다.

[그림 1-14] 베어링 규격, KS B 2012

⑨ 베어링(bearing)

종동축에 걸리는 하중을 지지하고, 회전 시 마찰을 감소시킨다. 앞서 베어링 규격에 대해 학습한 내용을 토대로 종동축 베어링 전면부 외륜측에 타각된 6206을 보고, 사양을 유추해낼 수 있다. 첫째 자리 6은 깊은 홈형 볼 베어링을 뜻하고, 2는 외경 계열, 셋째와 넷째 자리의 06에 5를 곱하면 내경이 30mm라는 것을 알 수 있다. 이를 종합하면 아래 그림의 베어링 규격은 '깊은 홈형 볼 베어링 6206'이다.

[그림 1-15] 종동축 베어링 및 전면부 사양 표시

⑩ 오일 실(Oil Seal)

원동축 오일 실은 원동축과 커버 사이의 누유를 방지하는 역할을 한다.

오일 실 전면부에 아래 그림의 ⓐ, ⓑ, ⓒ, ⓓ 순서로 규격이 나와 있다. 순서대로 읽어 보면 ⓐ에 'TC', ⓑ에 '19', ⓒ에 '35', ⓓ에 '8' 이라고 적혀 있다. 이를 종합해 보면 원동축 오일 실의 규격은 'TC 19 35 8'(또는 D 19 35 8)이다.

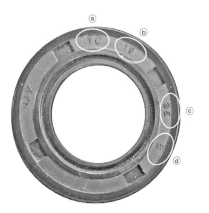

[그림 1-16] 원동축 오일 실

※ 참고) 오일 실 규격 확인(KS B 2804)

오일 실의 규격은 국가표준인증시스템에 KS B 2804에 규격에 대해 자세한 설명이 있다.

ⓐ 첫 번째 자리는 오일 실의 종류(타입)이다. 앞서 오일 실 사진에서 본 TC 타입은 대만 NAK±의 오일 실 제품으로 우리나라 KS 규격의 D타입과 유사하다. 일본의 경우 NOK±의 TC타입이 KS규격의 D타입과 거의 유사하다.

ⓑ 두 번째 자리의 숫자 30은 오일 실의 내경 사이즈를 나타낸다.

ⓒ 세 번째 자리의 숫자 48은 오일 실의 외경 사이즈이다.

ⓓ 네 번째 자리의 숫자 10은 오일 실의 너비이다.

ⓓ 미지막 알파벳은 고무의 새료이며 생략도 가능하다.

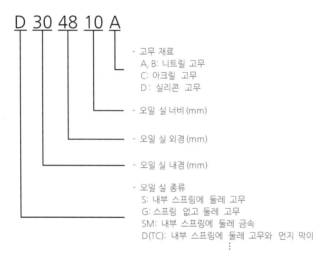

[그림 1-17] 오일 실 규격, KS B 2804

다음 오일 실 타입별 비교표를 보면, D타입의 경우에 축 회전에 의한 헐거움을 방지하기 위해 내부에 스프링이 장착되어 있다. 또 바깥 표면이 고무로 덮어져 있으며, 먼지의 유입을 막는 먼지 막이가 있다.

상기 내용을 요약해 보면 앞서 본 원동축 오일 실의 경우, TC 19 35 8 이므로 KS 규격으로 D타입에 내경 19mm, 외경 35mm, 너비 8mm인 오일 실을 뜻한다.

타입 구분	스프링 장착	바깥 둘레 표면	먼지막이	조립식 여부	그림(오일 실 단면)
S	O	고무	X	X	
SM	O	금속	X	X	
SA	O	고무	X	O	
G	X	고무	X	X	
GM	X	금속	X	X	
GA	X	금속	X	O	
D	O	고무	O	X	
DM	O	금속	O	X	
DA	O	금속	O	O	

[표 1-4] 오일 실 타입 비교, KS B 2804

⑪ 오일 실(Oil Seal)

종동축 커버에 장착된 오일 실로 앞에서 배우 내용을 토대로 규격을 살펴보자.

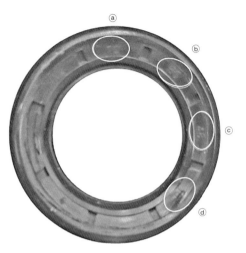

[그림 1-18] 종동축 오일 실

전면부에 'TC 30 48 10'이라 적혀 있다. 이를 하나하나 따져보면 D타입(내부 스프링이 들이 고무 둘레 마감에 먼지 막이 있음)에 내경 30mm, 외경 48mm 폭 10mm의 오일 실이다. 다시 말해 'D 30 48 10'라고도 표현이 가능하다.

원동축 오일 실과 마찬가지로 종동축과 커버 사이의 누유를 방지하는 역할을 한다.

⑫ O-링(O-Ring)

감속기 케이스와 커버 사이의 기밀을 유지하여 누유를 방지한다. 아래 왼쪽 사진이 오링 단품 사진이고, 오른쪽 사진과 같이 종동축 커버 뒷면에 장착된다.

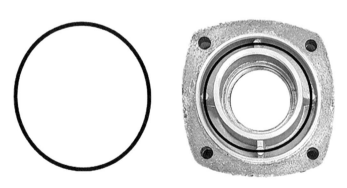

[그림 1-19] 오-링

⑬ 유면창(유면계)

오일의 높이 및 상태 점검하는 창이다. 케이스 측면 중앙부에 장착된다.

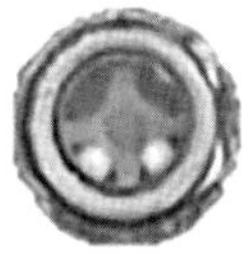

[그림 1-20] 유면창

⑭ 오일캡

오일 주입구를 막는 용도이다. 오일을 교체하거나 보충할 때 사용한다. 케이스 상부에 장착된다.

[그림 1-21] 오일캡

⑮ 드레인 플러그(Drain Plug)

오일을 교체할 때 폐유를 방출하는 구멍을 막는 용도이다. 케이스 정면 하단부에 장착된다.

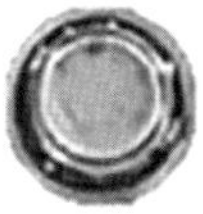

[그림 1-22]
드레인 플러그

※ 참고) 감속기 오일의 중요성

감속기 오일의 중요성은 다음과 같다.

첫째, 오일은 장치 내에 유막을 형성하여 마찰을 줄여준다.
둘째, 금속 재료와 공기가 만나 부식이 되는 것을 막아준다.
셋째, 온도를 조절해 주어, 베어링이나 회전기기가 과열되는 것을 막아준다.
넷째, 기계 장치 내의 이물질을 세척하고, 이를 배출시키는 역할을 한다. 더 나아가 배출된 오일의 이물질을 분석하여 기계 장치의 현재 상태를 점검할 수도 있다.

위 내용을 종합해 보면 오일의 주기적인 교체와 올바른 사용은 기계 장치의 수명을 증대시켜, 생산성을 향상시켜 준다.

---

⑯ 키(Key)

키는 축과 웜휠, 즉 기어를 고정하고, 회전력을 전달할 때 미끄러짐을 방지하는 역할을 한다. 규격은 키의 종류 b(가로 사이즈) * h(세로 사이즈) * L(길이)로 표현한다. 예를 들면 평행키에 가로 b의 사이즈가 7mm이고, 세로 h의 사이즈가 7mm, 길이 L이 40mm라면, '평행키 7*7*40'이다.

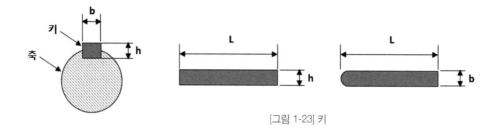

[그림 1-23] 키

⑰, ⑱ 볼트

원동축 또는 종동축 커버를 케이스와 결합하는 역할을 한다. 규격은 체결 공구와 맞닿는 머리 부분의 형상과 나사의 종류 기호와 호칭, 그리고 피치 순으로 표현한다. 예를 들면 볼트 머리가 육각 머리 형상이며, 미터나사에 호칭지름 8mm, 그리고 피치가 1.25mm라면 이 볼트의 규격은 '육각 머리 볼트 M8*1.25'이다.

[그림 1-24] 볼트

※ 참고) 볼트의 체결 순서

면과 면의 결합 또는 위치 조정 시, 체결 순서를 지키지 않으면 체결력에 손실이 발생한다. 도면에 체결 순서가 따로 도시되어 있거나, 특수한 상황을 제외하고는 체결 위치에 따라 아래 그림과 같은 순서에 따라 체결하도록 한다.

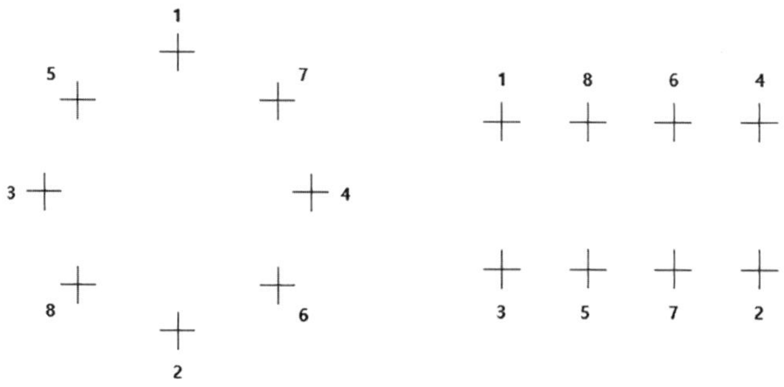

[그림 1-25] 볼트 체결 위치에 따른 순서

⑲ 개스킷(Gasket)

개스킷은 감속기 케이스와 커버 사이의 기밀을 유지하여 누유를 방지한다. 또 제작이 간단하여 복잡한 형상을 가진 제품의 기밀 유지에 도움이 된다. 아래 오른쪽 그림과 같이 커버 뒷면, 케이스와 맞닿는 부분에 장착이 된다.

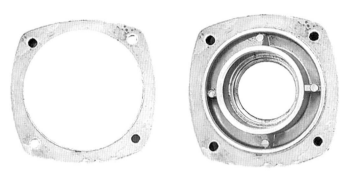

[그림 1-26] 개스킷

(4) 감속기 부품별 용도와 규격 요약

다음 표는 앞서 배운 내용을 토대로 감속기(SY-WU-60)의 부품별 용도와 규격을 표로 나타내 보았다.

품번	품명	용도 및 규격
1	케이스(case)	- 용도: 감속기 내부 부품을 보호하고, 각 부품의 위치를 결정하는 몸체
2	웜휠 (worm wheel)	- 용도: 웜의 축과 수직으로 맞물려 작동되며 원동기에서 발생하는 회전수를 줄여주는 역할
3	원동축	- 용도: 원동 장치에 연결되는 축 부분. 웜이 가공되어 있어, 웜휠과 맞물려 동력과 일정한 회전수를 전달
4	종동축	- 용도: 웜휠에 의해 감속된 동력이 전달되는 출력축
5	종동축 커버	- 용도: 종동축 베어링을 고정하고, 케이스의 기밀을 유지
6, 7	원동축 커버	- 용도: 원동축 베어링을 고정하고, 케이스의 기밀을 유지

품번	품명	용도 및 규격
8	베어링 (bearing)	- 용도: 축에 걸리는 하중을 지지하고, 축 회전 시 마찰을 감소시킴 - 규격: 깊은 홈형 볼 베어링 6204
9	베어링 (bearing)	- 용도: 축에 걸리는 하중을 지지하고, 축 회전 시 마찰을 감소시킴 - 규격: 깊은 홈형 볼 베어링, 6206
10	오일 실 (Oil Seal)	- 용도: 종동축과 커버 사이의 누유를 방지 - 규격: D 19 35 8 또는 TC 19 35 8
11	오일 실 (Oil Seal)	- 용도: 종동축과 커버 사이의 누유를 방지 - 규격: D 30 48 10 또는 TC 30 48 10
12	O-링(O-Ring)	- 용도: 케이스와 종동축 커버 사이의 누유를 방지
13	유면창(유면계)	- 용도: 오일의 높이 및 상태 점검하는 용도
14	오일캡 (에어 벤트)	- 용도: 오일을 교체하거나 보충할 때 사용
15	드레인 플러그 (Drain Plug)	- 용도: 오일을 교체할 때, 폐유를 방출하는 용도
16	키(Key)	- 용도: 축과 보스를 고정하고, 동력을 전달 때 미끄러짐을 방지 - 규격 : 평행키 7*7*40
17, 18	볼트	- 용도: 원동축(또는 종동축) 커버를 케이스와 결합에 사용 - 규격: 육각 머리 볼트 M8*1.25
19	개스킷(Gasket)	- 용도: 커버와 케이스 사이의 기밀을 유지해 누유를 방지

[표 1-5] 감속기 부품의 용도 및 규격 표

분해된 감속기와 도면의 감속기 조립도를 참조하여 아래 물음에 답하시오.

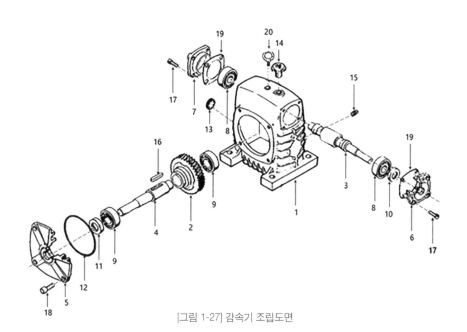

[그림 1-27] 감속기 조립도면

부품번호	부품명	부품번호	부품명
1	케이스(case)	11	오일 실(Oil Seal)
2	웜휠(worm wheel)	12	O-링(O-Ring)
3	ⓐ	13	ⓑ
4	종동축	14	ⓒ
5	종동축 커버	15	드레인 플러그(Drain Plug)
6	원동축 커버	16	키(Key)
7	원동축 커버	17	볼트
8	베어링(bearring)	18	볼트
9	베어링(bearring)	19	ⓓ
10	오일 실(Oil Seal)	20	아이 볼트

1. ⓐ의 부품명을 적으시오: _____

2. ⓑ의 부품명을 적으시오: _____

3. ⓒ의 부품명을 적으시오: _____

4. ⓓ의 부품명을 적으시오: _____

5. 부품 16의 용도를 적으시오: _____

[정답]

1. 원동축 / 2. 유면창 / 3. 오일캡 / 4. 개스킷 / 5. 축과 기어를 고정하고, 동력을 전달할 때 미끄러짐을 방지

---

2. 감속기 분해작업

아래 사진과 같이 주어진 공구를 이용하여 감속기를 분해하고, 기존 부착된 개스킷을 감독관 혹은 통제자에게 제출한다.

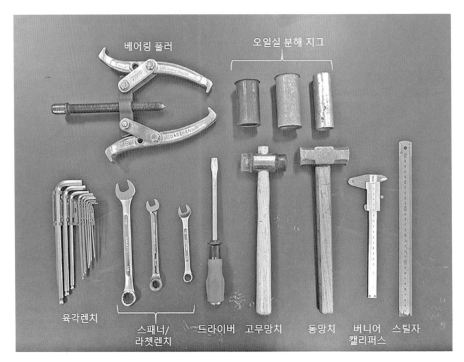

[그림 1-28] 지급 공구

1) 감속기 이상 유무 확인

감속기의 원동축을 손으로 회전시켰을 때, 종동축이 회전되고 있는지 확인한다. 종동축은 돌려도 원동축이 돌아가지 않는다.

[그림 1-29] 감속기 작동 상태 확인

2) 원동축 커버(품번: 6)에 체결된 볼트 분해

① 감속기 원동축이 돌출된 쪽의 커버의 볼트를 스패너나 라쳇렌치를 이용하여 분해한다.
② 볼트를 푸는 방향은 시계 반대 방향이며, 스패너의 크기는 볼트 머리의 대변 길이를 버니어 캘리퍼스나 스틸자로 측정하여 스패너 사이즈를 결정하면 된다.
③ 스패너나 라쳇렌치를 사용할 때는 반드시 스패너 공구에 볼트를 완전히 밀착시키고, 볼트와 스패너가 수직이 된 상태로 작업을 하도록 한다. 체결력이 큰 너트나 볼트를 작업 시에 특히 주의해야 한다. 이를 지키지 않을 경우엔 볼트 해드 부분이 망가지거나 힘을 주어 돌리는 순간에 공구가 이탈되어, 상해를 입을 수 있다.
④ 어느 정도 풀렸으면 손으로 돌려서 풀어준다.
⑤ 위와 같은 방법으로 나머지 볼트를 분해하고, 분실하지 않도록 잘 보이는 곳에 모아서 정리해 둔다.

[그림 1-30] 커버 체결 볼트 분해

3) 원동축 커버(품번: 6)를 케이스에서 분리

① 원동축 커버를 분리한다. 손으로 커버가 잘 분리가 되지 않을 경우, 원동축을 잡고 가볍게 당긴다. 너무 세게 당겨서 다치지 않도록 한다.
② 그래도 분리가 되지 않을 경우, (-)드라이버를 커버와 케이스 사이에 대고 망치로 살짝 타격하여 케이스와 커버를 분리한다.

4) 원동축 꺼내기

① 원동축을 조심스럽게 꺼낸다.
② 앞서 분해된 커버 및 볼트와 분리된 순서에 맞게 정리 정돈한다.

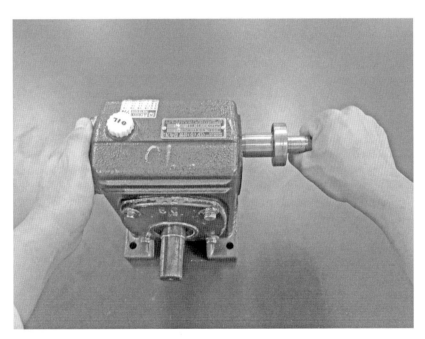

[그림 1-31] 원동축 꺼냄

5) 원동축 커버(품번: 7) 분해

① 원동축이 관통된 원동축 커버의 분해와 동일한 방법으로 스패너나 라쳇렌
   치를 이용하여 볼트를 분해한다.
② 볼트는 보이는 곳에 잘 모아둔다.
③ 손으로 커버를 케이스에서 분리한다.
④ 앞서 분해된 부품들과 순서에 맞게 잘 정리 정돈한다.

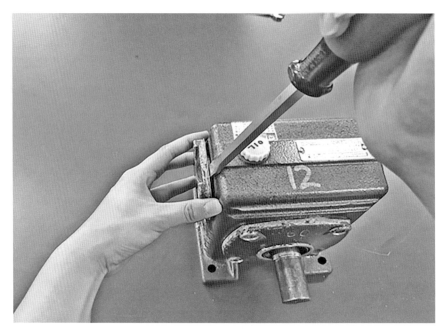

[그림 1-32] 원동축 커버 분해

6) 원동축 커버에서 개스킷 분리

양쪽 커버에 장착된 개스킷을 손으로 분리하고, 커버와 개스킷을 나란히 놓는다.

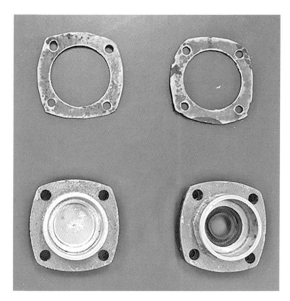

[그림 1-33] 원동축 커버에서 개스킷 분리

7) 원동축 커버의 오일 실 분해

① 부품번호 6번 커버의 앞면이 보이도록 테이블 위에 놓는다.

② 검은색 오일 실 위에 오일 실 분해 지그를 대고, 망치로 타격하여 분해한다. 이때 너무 강하게 타격하여 오일 실이 찢어지지 않도록 한다. (오일 실 분해 지그가 없다면 억지로 분해하지 않는다.)

③ 오일 실을 원동축 커버 주변에 정리해 놓는다.

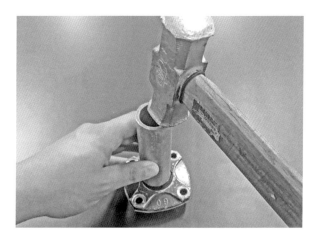

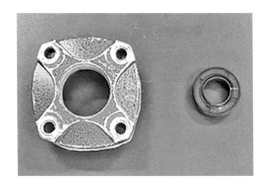

[그림 1-34] 원동축 커버와 오일 실 분해

8) 원동축 베어링 분해

① 원동축의 양쪽 측면에 결합되어 있는 베어링을 손으로 분리한다.

[그림 1-35] 원동축 & 베어링

② 손으로 분리가 안 될 경우, 베어링 풀러(Puller)를 이용한다.

③ 분리된 베어링과 축을 커버와 나란히 정리해 놓는다.

> **※ 참고) 풀러 사용법**
>
> 풀러란, 축에 고정되어 있는 기어나 베어링을 분해할 때 쓰는 도구이며 용도에 따라 베어링 풀러 기어 풀러 등으로 구분된다.

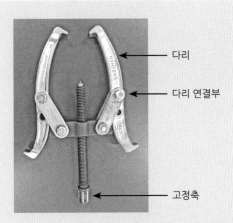

[그림 1-36] 풀러

① 분해하고자 하는 축을 테이블 위에 올려 놓고, 풀러의 고정축 나사 부분을 손으로 돌려서 고정축의 뾰족한 부분(이하 센터 핀이라 한다.)과 다리 끝부분의 거리를 축과 베어링 사이의 거리와 비슷하게 조정한다.

고정축 나사를 끝까지 돌려도 간격이 맞지 않는 경우에 다리 연결부의 볼트/너트를 풀어서 고정 위치를 옮기면 된다.

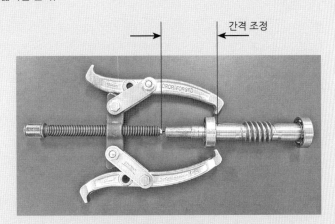

[그림 1-37] 풀러와 축의 간격 조정

② 축을 테이블 위에 세워 놓고 풀러의 센터 핀을 축 센터 가공부에 맞춘다. 풀러 다리의 끝부분을 베어링(또는 기어)에 물리고, 손으로 고정축 나사를 조인다. 이때 축과 풀러의 고정축이 최대한 일직선이 될 수 있도록 하고, 베어링 분해의 경우에 풀러를 베어링 내륜에 물릴 수 있도록 한다. 이 작업은 축 센터 고정, 베어링 내륜 고정, 나사 조임. 이 세 가지 동작의 박자를 잘 맞추어야 한다. 만약 축을 바닥에 눕히고 작업을 하면 센터핀으로 축 센터를 고정하는 작업이 굉장히 힘들 수 있다.

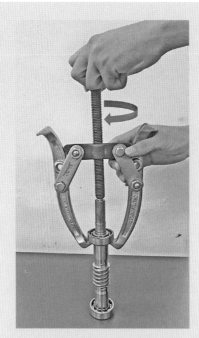

[그림 1-38] 풀러와 축의 간격 조정

③ 손으로 돌아가지 않을 정도로 죄고 나면 축과 풀러를 조심스럽게 테이블에 눕힌다. 그리고 한 손으로 풀러를 고정하고, 다른 한 손으로 스패너를 이용해 고정축 나사를 천천히 돌려서 분해 한다.

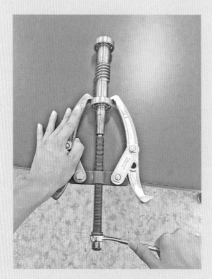

[그림 1-39] 베어링 분해

9) 원동축 분해 완료

부품들을 다시 조립하기 쉽도록 정렬하고, 주변을 정리 정돈한다.

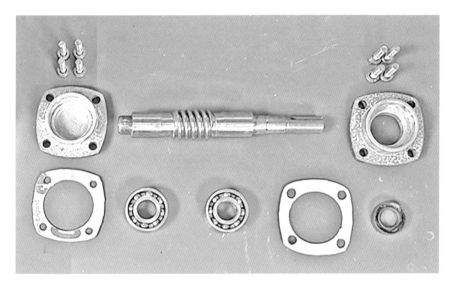

[그림 1-40] 원동축 분해

10) 종동축 커버에 체결된 볼트 분해

① 종동축 커버의 볼트 대변 사이즈를 스틸자나 버니어캘리퍼스를 이용해 측정한다.
② 원동축 커버 분해 작업과 마찬가지로 스패너나 라쳇렌치를 이용하여 볼트를 푼다. 볼트를 푸는 방향은 시계 반대 방향이다.
③ 볼트가 어느 정도 풀리면 손으로 풀어서 잘 보이는 곳에 둔다.
④ 나머지 볼트도 안전하고 정확한 자세로 분해하고, 같은 자리에 정리 정돈한다.

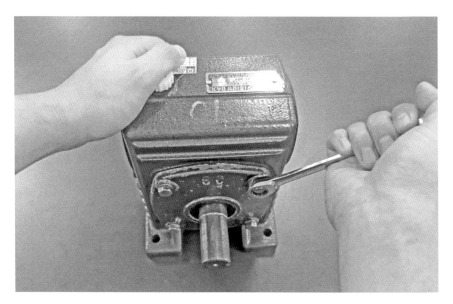

[그림 1-41] 커버 체결 볼트 분해

11) 종동축 커버를 케이스에서 분리

① 손으로 종동축 커버를 분리한다.

② 분리되지 않을 경우, (-)드라이버를 사용하여 분해한다. 드라이버 손잡이 끝을 망치를 이용해 살짝 타격하여 분해한다.

[그림 1-42] 종동축 커버 분해

12) 종동축 꺼내기

종동축을 감속기 케이스에서 조심스럽게 꺼내고, 종동축 커버와 나란히 둔다.

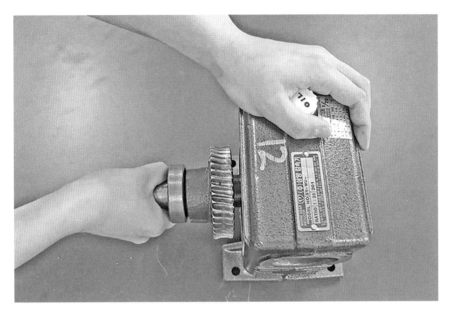

[그림 1-43] 종동축 꺼냄

13) 종동축 커버에서 개스킷 분리

종동축 커버에 장착된 개스킷을 손으로 분리하고, 커버와 개스킷을 나란히 놓는다.

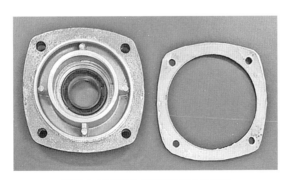

[그림 1-44] 종동축 커버에서 개스킷 분리

14) 종동축 커버의 오일 실 분해

① 종동축 커버의 앞면이 보이도록 테이블 위에 놓는다.

② 검은색 오일 실 위에 오일 실 분해 지그를 대고, 망치로 타격하여 분해한다. 이때 너무 강하게 타격하여 오일 실이 찢어지지 않도록 한다. (오일 실 분해 지그가 없다면 분해하지 않는다.)

③ 오일 실을 원동축 커버 주변에 정리해 놓는다.

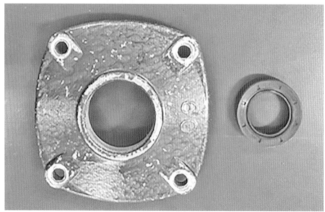

[그림 1-45] 종동축 커버와 오일 실 분해

15) 종동축 베어링 및 웜휠 분해

① 종동축에 양쪽에 결합되어있는 베어링을 원동축에서 분해한다. 손으로 분
해가 되지 않을 경우 풀러를 이용하여 분해한다.

여기서 풀러를 이용하여 종동축 베어링 분해 시 웜휠에 의해 축 자체가 회전
되기 때문에 풀러 아래에 망치나 받침대를 놓고 분해하는 것이 편하다. 풀
러를 이용한 원동축 분해의 경우 베어링의 외륜이 바닥에 닿고, 풀러에 의한
축 회전 시에는 베어링의 내륜이 회전하기 때문에 문제가 되지 않는다.

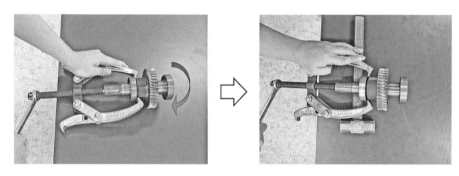

[그림 1-46] 종동축 베어링 분해

② 웜휠 역시 베어링 분해법과 동일한 방법으로 종동축에서 분리한다.

[그림 1-47] 풀러를 이용하여 웜휠 분해

③ 웜휠 고정용 키(Key)의 경우 분실하지 않도록 종동축, 웜휠과 나란히 둔다.

[그림 1-48] 키 분해

16) 종동축 분해 완료

분해된 부품은 다시 조립하기 쉽도록 순서대로 테이블 위에 가지런히 정리 정돈한다.

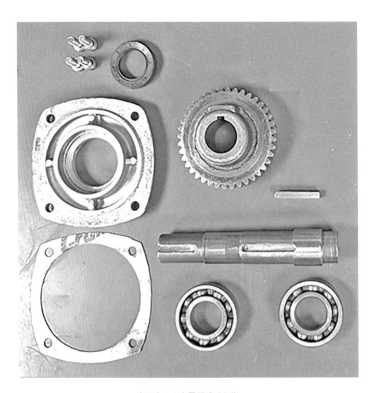

[그림 1-49] 종동축 분해

17) 오일 캡, 유면창, 드레인 플러그 분해

① 오일 캡은 시계 반대 방향으로 손으로 돌려서 분해한다.

[그림 1-50] 오일 캡 분해

② 유면창은 머리 부분의 대변 사이즈를 측정하고, 사이즈에 맞는 스패너나 멍키스패너를 이용하여 시계 반대 방향으로 돌려서 분해한다.

[그림 1-51] 유면창 분해

③ 드레인 플러그의 경우 사이즈에 맞는 육각 렌치를 이용하여 시계 반대 방향으로 돌려서 분해한다.

[그림 1-52] 드레인 플러그 분해

④ 분해된 부품을 가지런히 정리 정돈한다.

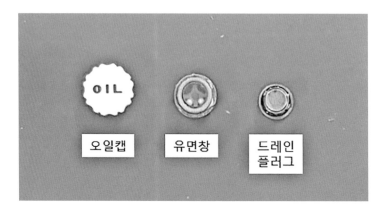

[그림 1-53] 오일캡, 유면창, 드레인 플러그 분해

18) 감속기 분해 완료

주어진 감속기 구조 도면과 실제 분해한 부품의 수량이 맞는지 확인하고, 분해된 부품과 공구를 잘 정리 정돈한다.

감독관에게 원동축과 종동축 커버에서 분리된 개스킷을 제출하고, 분해된 부품들을 확인받는다. 오-링의 경우, 감속기 제품 사양이나 상황에 따라 개스킷으로 대체될 수 있다.

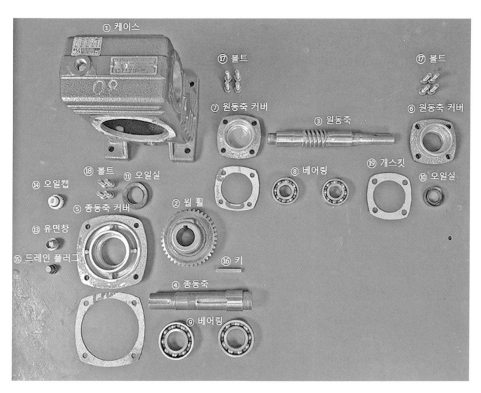

[그림 1-54] 오일캡, 유면창, 드레인 플러그 분해

3. 감속기 부품 측정 및 스케치

1) 기계 요소의 측정

(1) 측정의 개요

① 측정

대상의 측정량과 기준이 되는 값을 서로 비교하여 알아보기 쉽게 수치로 나타내는 것이다. 예를 들어 책상이라는 대상을 줄자라는 측정기에 표시된 단위 눈금을 이용하여 그 값을 수치로 나타내는 활동이라 할 수 있다.

② 오차

측정값에서 실제값, 즉 참값을 뺀 것이라 할 수 있다.

오차 = 측정값 - 참값

예를 들어 길이가 30mm인 축을 스틸자로 측정했을 때, 31mm가 측정되었다면 오차는 +1mm이다.

③ 오차의 분류

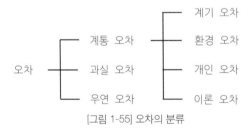

[그림 1-55] 오차의 분류

ⓐ 계통 오차

어떠한 원인에 의해 측정값에 일정한 크기와 방향이 발생하는 오차이다. 다르게 해석하면, 어떠한 보상에 의해 없앨 수 있는 오차라 할 수 있다. 크게 4가지로 구분된다.

- 계기 오차: 측정기의 문제로 발생하는 오차로서 측정기의 정도와 감도 등의 문제로 발생하는 오차라 할 수 있다.
- 환경 오차: 온도, 습도, 압력 등의 환경에 의해 발생하는 오차다. 예를 들면 파이프의 길이를 측정하는데 주변 온도가 높아, 파이프가 팽창했다고 가정해 보자. 그러면 원래 치수보다 크게 측정이 될 것이다. 이는 환경에 의한 오차라 할 수 있다.
- 개인 오차: 관측자의 버릇이나 습관에 의해 발생하는 오차이다.
- 이론 오차: 이론적인 공식이나 근사치 계산 등에 의해 발생하는 오차이다. 예를 들면 원주율 파이를 계산할 때, 파이는 무한 소수(원주율, $\pi = 3.141592653 \cdots$)이므로 반올림하여 계산하여야 한다. 이때 반올림되는 값으로 인해 발생하는 오차가 이론 오차이다.

ⓑ **과실 오차**

측정자의 부주의 또는 실수로 발생하는 오차이다.

ⓒ **우연 오차**

원인 규명이 되지 않는 오차로 보정이 불가능하다.

(2) 정도와 감도

정도와 감도는 측정기의 성능(정확성)을 결정하는 중요한 요소이다.

① 정도

측정기가 가지는 최대량의 상태에서 사용하였을 때 얻어진 측정값의 오차 또는 오차율의 최댓값이다. 쉽게 말해서 측정 대상을 반복 측정했을 때, 측정값들의 표준 편차가 작은 것을 정도가 좋다고 한다. 예를 들면 같은 물체를 10번 측정했을 때 10번 다 똑같은 값이 나왔다면 정도가 좋은 측정기이고, 모두 다르게 나왔다면 정도가 안 좋은 측정기라 생각하면 된다.

② 감도

측정 대상의 조건이 바뀌었을 때, 측정기가 잡아낼 수 있는 최소한의 변화량이다. 쉽게 말해 감도는 얼마나 민감하게 대상의 변화량을 감지해낼 수 있느냐에 대한 것이다. 치수를 측정하는데 돋보기를 보고 치수를 측정하느냐, 현미경을 보고 측정하느냐의 차이라 생각하면 된다.

정도와 감도의 관계를 정리해 보면 정도가 좋은 측정기는 감도가 좋은 측정기라 할 수 있다. 하지만 감도가 좋은 측정기가 꼭 정도가 좋다고는 말할 수 없다.

(3) 측정기의 종류

측정기의 종류는 측정하고자 하는 대상에 따라 측정기기를 선택해야 한다. 측정 대상에 따른 측정기의 분류는 아래 표와 같다.

대상	일반적으로 사용하는 측정기
길이, 외경	자, 버니어캘리퍼스, 외경 마이크로미터 등
내경	자, 갭자, 버니어캘리퍼스, 내경 마이크로미터 등
각도	각도기, 사인바 등
표면 평탄도	옵티컬플랫(평탄도), 스트레이트엣지, 정밀 수준기 등
나사	나사 마이크로미터 등
기어	치형 버니어캘리퍼스 등

[표 1-6] 측정 대상에 따른 측정기 예시

(4) 측정기 사용법

① 버니어캘리퍼스

버니어캘리퍼스는 가장 대표적인 측정기기 중 하나로 길이, 내경, 외경, 깊이 등을 측정할 수 있어 활용성이 아주 높다.

구조는 아래 사진과 같이 크게 어미자와 아들자, 고정 나사로 이루어져 있다. 고정 나사는 아들자를 고정시켜 측정값을 고정하는 역할을 한다.

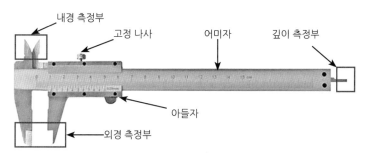

[그림 1-56] 버니어캘리퍼스

어미자는 1mm 단위 눈금이며, 눈금 위를 20등분된 아들자가 어미자의 위를 미끄러지듯 움직이며 아들자 눈금이 함께 이동한다. 이때 아들자의 눈금과 어미자의 눈금의 매칭으로 0.05mm 단위까지 정밀 측정이 가능하다.

ⓐ 버니어캘리퍼스 사용법

• 측정 대상에 버니어켈리퍼스의 측정부를 대고, 아들자를 대상에 최대한 밀착시킨다.
• 아들자의 눈금 '0'을 기준으로 어미자의 눈금을 1mm 단위로 읽는다.
• 아들자와 어미자의 눈금이 가장 일직선이 되는 부분을 찾는다. 그리고는 아들자의 눈금을 0.05mm 단위로 읽는다.

간단한 예를 들어 버니어캘리퍼스의 눈금 읽는 방법에 대해 좀 더 자세히 알아보도록 하자. 아래 그림을 버니어캘리퍼스를 이용하여 어떤 대상을 측정하였을 때의 눈금이라 가정한다.

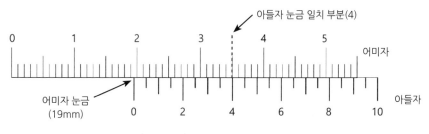

[그림 1-57] 버니어캘리퍼스 측정값 예시

첫 번째, 아들자의 눈금 '0'이 어디에 있는지 확인한다. 어미자 눈금 단위를 mm로 환산하면 19mm와 20mm의 사이에 있고, 측정값이 19.XXmm라는 것을 알 수 있다.

두 번째, 소수점 아래의 값을 확인하기 위해 아들자와 어미자의 눈금선이 가장 일치하는 부분을 찾는다. 어미자의 35mm에 해당하는 눈금과 아들자의 0.4mm에 해당하는 눈금이 가장 일치하는 것을 알 수 있다.

세 번째, 각 눈금에 해당하는 값을 조합하면 19.40mm가 측정된다.

사실 측정자에 따라 아들자와 어미자의 눈금 일치 부분에 오차가 발생할 수 있다. 육안으로 가장 근접한 눈금을 찾아야 하기 때문이다. 만약 디지털 버니어캘리퍼스를 이용하면 측정치가 숫자로 디스플레이창에 표시가 되기 때문에 이러한 오차를 줄일 수 있다.

② 마이크로미터

측정 대상에 따라 외경 마이크로미터, 내경 마이크로미터, 나사 마이크로미터 등으로 나뉜다.

엔빌   스핀들   슬리브   딤블   렛치스톱

프레임

[그림 1-58] 마이크로미터

마이크로미터의 앤빌(anvil)은 프레임(frame)에 고정되어 있다. 0.5mm 단위 눈금의 슬리브 원둘레를 50등분한 딤블이 한 바퀴를 돌면 슬리브 눈금 한 칸이 움직인다. 즉 딤블 1회전당 0.5피치만큼의 리드가 되고, 0.01mm 단위까지 측정이 가능하다.

ⓐ **마이크로미터 사용법**

- 측정 대상에 마이크로미터의 앤빌에 대고, 딤블을 돌려 최대한 고정한다.
- 슬리브의 눈금을 0.5mm 단위로 읽는다.
- 슬리브의 중심축과 일치되는 딤블의 눈금을 0.01mm 단위로 읽는다.

간단한 예를 들어, 마이크로미터의 눈금 읽는 방법에 대해 익혀 보도록 하자. 아래 그림을 마이크로미터를 이용하여 어떤 대상을 측정하였을 때의 눈금이라 가정한다.

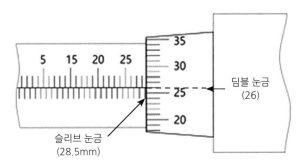

[그림 1-59] 마이크로미터 측정값 예시

첫 번째, 슬리브의 가장 큰 눈금 위에 보이는 숫자를 읽는다. 그리고 작은 눈금을 0.5mm 단위로 세어 본다. 육안으로 보이는 작은 눈금의 개수는 7개이다. 여기에 0.5mm를 곱하면 3.5mm가 나온다. 그리하여 슬리브의 눈금값은 25에서 3.5를 더한 28.5mm라는 것을 알 수 있다.

두 번째, 다음은 딤블의 눈금을 읽는다. 딤블의 눈금은 슬리브의 눈금 중심선과 일치하는 부분의 눈금을 0.01mm 단위로 읽는다. 그림에서는 26에 해당하는 눈금이 중심선과 일치하므로 딤블의 눈금값은 0.26이 된다.

세 번째, 슬리브의 눈금값 28.5와 딤블의 눈금값 0.26을 더하면 28.76mm라는 값이 측정된다.

2) 기계 요소 스케치

본 단원에서는 도면 작도법 중 프리-핸드 스케치(Free Hand Sketch)를 기준으로 다루도록 한다.

프리-핸드 스케치란, 자, 삼각자, 각도기 등의 작도 기구를 사용하지 않고, 연필과 지우개만을 이용한 작도 기법으로 설계 프로그램이나 작도 기구를 사용할 수 없는 상황에서 쓰는 기법이다. 또 부품의 도면이 즉시 필요한 긴박한 상황에서 빛을 바라는 작도법이다.

(1) 투상법

투상법이란 어떠한 물체에 빛을 비추었을 때 평면에 맺히는 상의 형태를 말한다. 다른 말로 우리가 물체를 눈으로 봤을 때, 보이는 3차원적인 물체 형태를 2차원적으로 표현한다고 생각하면 된다.

아래 그림은 투상도의 분류이며, 보는 방향에 따라 6종류로 나뉜다.

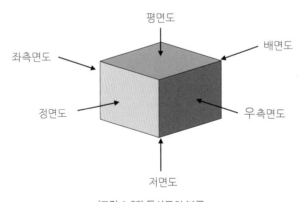

[그림 1-60] 투상도의 분류

또 투상법은 눈과 투상면, 물체의 위치에 따라 1각법과 3각법으로 나뉜다.

① 1각법

눈 → 물체 → 투상면 순서의 원리

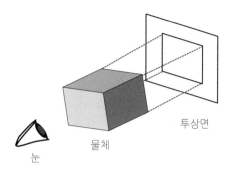

[그림 1-61] 1각법의 원리

1각법의 도면 배치는 다음과 같다.

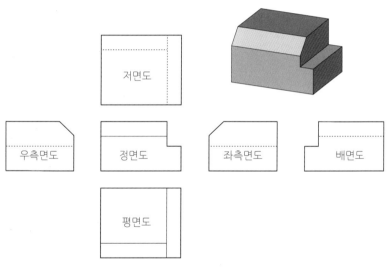

| 저면도 |
| 우측면도 | 정면도 | 좌측면도 | 배면도 |
| 평면도 |

[그림 1-62] 1각법의 도면 배치

② 3각법

눈 → 투상면 → 물체 순서의 원리

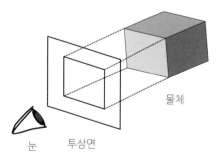

[그림 1-63] 3각법의 원리

3각법의 도면 배치는 아래 그림과 같다.

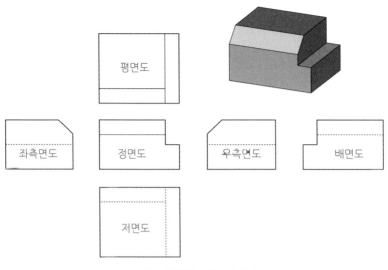

평면도

좌측면도   정면도   우측면도   배면도

저면도

[그림 1-64] 3각법의 도면 배치

일반적으로 도면의 투상법은 대부분 3각법을 이용한다. 그 이유는 보다시
피 우리가 실제 눈에 보이는 상과 도면의 상이 가장 유사하기 때문이다. 1각
법은 우측면도가 좌측에 있고 평면도가 아래에 있는 반면, 3각법은 눈에 보
이는 대로 우측면도는 우측에 평면도는 위에 있기 때문에 1각법보다 편리하
여 많이 쓴다. 설계자는 표제란에 본인이 어떤 투상법으로 작도하였는지 반
드시 기재해야 한다.

(2) 척도

척도란, 실물의 크기와 도면에 작도된 물체의 크기의 비다.

실제로 도면에 물체를 작도할 때 실물의 크기를 그대로 옮기면 좋지만, 실
물의 크기가 용지 대비 너무 크거나 작을 경우, 작도하는 사람이나 보는 사람
모두 알아보기가 힘들 수 있다. 이때 원래 물체를 확대하거나 축소하여 나타
내는 것을 척도라 한다.

다음 표는 일반적으로 쓰이는 척도값을 나타냈다.

구분	척도 값
축척	1: 2, 1:5, 1:10, 1:20, 1:50, 1:100, 1:200
현척	1:1
배척	2:1, 5:1, 10:1, 20:1, 50:1
비례척 아님	NS(None Scale)

[표 1-7] 자주 쓰이는 척도값

축척은 원래의 크기보다 작게 작도하는 경우, 현적은 동일한 크기로 작도하는 경우, 배척은 원래 크기보다 크게 작도하는 경우에 쓴다. 만약 손으로 작도하는 프리-핸드 스케치의 경우나 척도를 쓰기 곤란한 경우엔 '비례척 아님'이라는 표시로 'None Scale'의 약자인 'NS'를 기재해야 한다. 또 척도값은 표제란에 작성한다.

(3) 도면 작도 순서

도면 작도 순서는 다음과 같은 순서로 작업하면 누락의 위험이 줄어든다.

① 윤곽선 및 중심마크

윤곽선은 도면의 내용을 확실히 구분하기 위해 긋는 실선이다. 윤곽선을 나중에 그을 경우, 외형선이나 치수선과 간섭이 생길 수 있기 때문에 제일 먼저 작업한다.

중심마크는 도면의 복사나 영구 보관을 위한 촬영 시, 도면의 중심을 알아보기 쉽도록 하기 위해 긋는 선이다. 위치는 도면 용지의 가로와 세로의 중심 4곳에 윤곽선과 마찬가지로 실선으로 표현한다.

윤곽선은 제도 용지의 크기에 따라 치수가 다르며, 치수는 다음 그림과 표를 따른다.

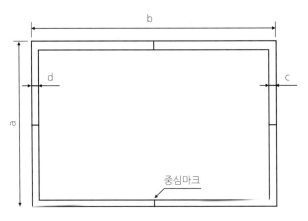

[그림 1-65] 도면의 윤곽선 및 중심마크

용지 호칭	a * b	c	d	
			철하지 않을 때	철할 때
A0	841 * 1189	20	20	25
A1	594 * 841			
A2	420 * 594	10	10	
A3	297 * 420			
A4	210 * 297			

[표 1-8] 용지 호칭에 따른 윤곽선 크기

② 표제란 및 요목표 선

표제란은 작성자, 도면명, 투상법, 척도, 부품번호 및 명칭 등의 도면에 대한 정보가 들어간다. 도면 오른쪽 하단에 적당한 크기로 작도한다.

요목표는 부품의 치수로 표현하기 어렵거나 반드시 알아야 할 부품의 중요한 정보들을 표로 작성하여 기재한다.

위치에 대한 특별한 제약이 없지만 표제란이나 해당 부품 근처에 작도하는 것이 편리하다.

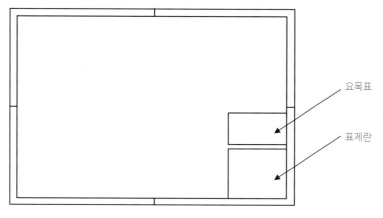

[그림 1-66] 요목표와 표제란 작도

③ 부품번호

부품번호는 부품을 구분하기 위해 지정하는 임의의 번호이다.

부품번호의 위치는 해당 부품의 도면이 들어갈 위치의 상단 왼쪽에 원 숫자 기호(①, ② … ⓝ)로 쓰인다. 또 표제란 작성 시, 표제란의 부품번호에 해당하는 칸에도 들어간다. 스케치 용지에 부품의 크기와 형상을 고려하여 대략적인 위치를 잡도록 한다.

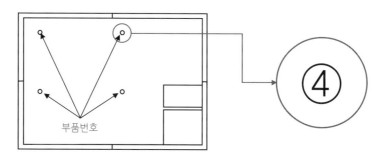

[그림 1-67] 부품번호 작도

④ 디자인 선

디자인과 관련된 선은 부품의 형상과 관련된 선으로 중심선, 외형선, 피치선, 해칭선 등이 있다.

ⓐ **중심선 작도**

중심선은 도면을 그릴 때 가장 중요한 선으로 부품의 기준을 잡아 주는 선이다. 가는 1점 쇄선으로 그리고 물체의 중심이나 기어와 원호 등 특징이 큰 부분에 중심선을 긋는다.

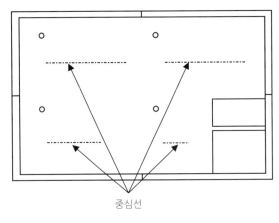

중심선

[그림 1-68] 중심선 작도

위 그림의 일점 쇄선이 중심선이다. 중심선을 기준으로 작도 대상의 외형선을 작도하도록 한다.

ⓑ **외형선 작도**

외형선은 부품의 외형을 나타내는 선으로 실제 형상과 최대한 유사하게 (특징이 잘 표현되도록) 그린다. 외형선은 굵은 실선으로 작도한다. Free Hand Sketch 경우에 굵은 실선으로 표현이 어려우므로 가는 실선으로 그린 다음 덧칠하거나, 다른 선과 동일한 굵기로 해도 무방하다.

ⓒ **피치선**

피치선은 나사산의 간격이나 두 개의 기어 이빨이 맞닿았을 때, 이빨의 중심과 기어의 중심까지의 거리를 원으로 표시한 선이다. 중섬선과 마찬가지로 일종의 가상선이며 일점 쇄선으로 표현한다.

아래 그림은 원동축의 웹 부분을 작도한다고 가정하고, 각 디자인 요소에 해당하는 선들을 표현한 그림이다. 그 밖에도 웜의 경우, 비틀림 방향과 이뿌리원 지름은 가는 실선으로 표현하도록 한다.

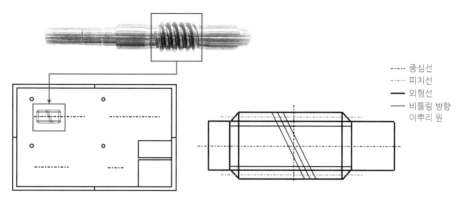

- ----- 중심선
- ----- 피치선
- ━━━ 외형선
- ── 비틀림 방향
- 이뿌리 원

[그림 1-69] 원동축 웜 부분 작도 예시

ⓓ 해칭선

부품의 단면임을 나타내는 규칙적인 가는 선으로 문자 및 치수값 등에 간섭되지 않도록 한다. 아래 그림과 같이 예를 들어보자.

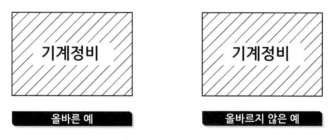

[그림 1-70] 해칭선 작도 예시

올바른 예는 '기계정비'라는 글씨가 해칭선과 간섭이 되지 않는다. 하지만 오른쪽 그림은 '기계정비'라는 글자가 해칭선에 가려져 있다. 이는 올바르지 않은 예라고 할 수 있다.

기본적으로 도면을 작도할 때, 선은 문자를 가려서는 안 된다. 치수값의 경우에도 다른 디자인 선이나 치수선들과 간섭이 될 경우, 보는 사람의 입장에서 치수값이 선에 가려져 혼동될 수 있기 때문이다.

⑤ 치수선 및 치수 보조선

치수선은 해당 부분 치수의 영역을 표시하기 위한 선으로 주로 화살표로 표시한다.

치수 보조선은 치수선과 다른 선들의 간섭으로 알아보기 힘들 때, 외형선에서 평행하게 연장선을 그어 치수 영역을 옮겨 주는 역할을 한다. 치수선과 치수 보조선 작도에 관한 내용은 KS B ISO129-1에 자세히 나와 있으니 참고하도록 한다.

아래 그림에서 이해를 돕기 위해 붉은색 화살표를 치수선으로 파란색 가는 실선을 치수 보조선으로 표현했다. 그리고 치수선 위에 치수를 적기 힘들 때, 바꿔 말해 치수값을 치수선 위에 기재하면 치수값이 다른 선들에 의해 가려질 때는 연장선을 이용하여 도면의 여유 공간으로 빼주도록 한다. 그리고 난뒤 연장선 위에 치수값을 기재하면 된다. 만약 중심선과 치수값이 간섭이 된다면 중심선을 지우고 치수값을 적어 줘도 무방하다.

또 치수선들이 직렬로 이웃한 경우 나란히 그려 주고, 위아래 치수의 간격은 최대한 일정하게 그려 주도록 한다.

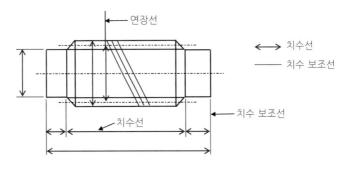

[그림 1-71] 치수선과 치수 보조선 작도 예시

⑥ 치수값

치수값은 측정기로 실측하여 치수선이나 연장선 위에 알아보기 쉽도록 정자로 쓰고, 치수 보조 기호는 치수 앞에 쓴다. 또 치수값이 다른 선들과 간섭되면 안 된다.

아래 표는 자주 쓰는 치수 보조 기호를 나타낸 표이다.

구분	기호	기호 설명
지름	Ø	지름의 치수 기호
반지름	R	반지름의 치수 기호
구의 지름	SØ	구의 지름 치수 기호
구의 반지름	SR	구의 반지름 치수 기호
두께	t	두께의 치수 기호
원호의 길이	⌒	원호 길이의 치수 기호
모따기	C	모따기 치수 기호
참고 치수	( )	( )안에 참고 치수 수치를 기입

[표 1-9] 치수 보조 기호

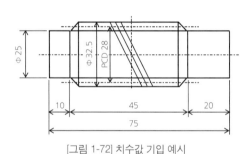

[그림 1-72] 치수값 기입 예시

⑦ 기호, 주서, 표제란 및 요목표 채움

표제란에는 부품번호와 부품 명칭, 재질, 수량, 도면 이름, 투상법, 척도, 작성자와 승인자 등의 내용을 작성하도록 한다. 요목표에는 모듈, 압력각, 줄수, 피치원 지름, 잇수 등 기어의 주요 내용을 작성한다.

주서에는 도면에 미쳐 표기하지 못한 주의 사항을 적어 주도록 한다. 예를 들면 공작물을 가공한 뒤, 모서리를 만져 보면 굉장히 날카롭다. 이때 작업자가 취급 시, 상해를 막기 위해 일반 모따기라는 항목을 주서에 적어 준다. 또 표면 거칠기 간략 표시를 도면에 사용했다면 이에 대한 거칠기값을 적어주도록 한다.

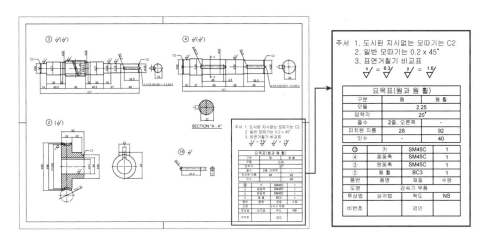

[그림 1-73] 표제란, 요목표, 주서 작성 예시

※ 참고) 선의 종류에 따른 용도

종류		명칭	용도
굵은 실선	——————	외형선	눈에 보이는 대상물의 형상을 표현하는 선
가는 실선	————————	치수선	치수 기입시 화살표로 주로 사용
		치수보조선	치수 기입을 위해 영역을 끌어내는 데 사용
		지시선	기술, 기호 등을 표시하기 위해 끌어내는 데 사용
가는 파선	------------	숨은선	대상이 보이지 않는 부분을 표시하는 데 사용
가는 일점쇄선	—·—·—·—	중심선	중심을 표시하는 데 사용
		피치선	피치를 표시하는 데 사용
지그재그 가는 실선	⌇⌇	파단선	일부를 파단한 경계를 표시하는 데 사용
규칙적인 가는 실선	/////	해칭	단면을 표시하는 데 사용

[표 1-10] 선의 종류에 따른 용도표

(4) 도면 기호 및 공차

① 표면 거칠기(KS B ISO 4287)

기계 부품 표면에 대한 거칠기를 정량화하여 나타낸 것으로 도면의 외형선이나 치수 보조선 위에 표시하며 기호 위에 숫자나 문자를 넣는다. 산술 평균 거칠기(Ra), 최대 높이(Ry), 10점 평균 거칠기(Rz), 요철의 평균 간격(Sm), 국부 산봉우리의 평균 간격(S) 등으로 나타낸다.

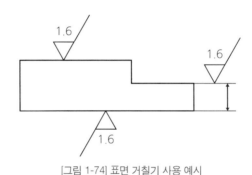

[그림 1-74] 표면 거칠기 사용 예시

ⓐ 산술 평균 거칠기(Ra)

거칠기 곡선 f(x)에서 중간선(평균선)의 윗부분과 아랫부분의 절댓값의 합을 평균으로 나타낸 것으로, 쉽게 말하면 다음 그림과 같이 규제 대상 L(전체 길이)에서 중심선 아랫부분을 반전시켜 그 값의 평균을 표현한 것이다.

Ra 값을 수식으로 표현하면 다음과 같다.

$$Ra = \frac{1}{L}\int_0^L |f(x)|\,dx$$

단위는 ㎛(마이크로 미터)이며 기호와 지시값은 $\overset{Ra}{\diagdown}$ 이다.

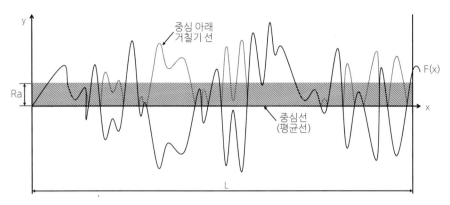

[그림 1-75] 산술 평균 거칠기(Ra) 그래프

ⓑ **최대 높이(Ry)**

거칠기 곡선 $f(x)$에서 가장 낮은 부분에서 가장 높은 부분까지의 변위이다. 다시 말해 가장 깊은 골과 가장 높은 산봉우리의 간격이라 할 수 있다. 단위는 ㎛(마이크로미터)이며 기호와 지시값은 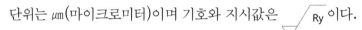 이다.

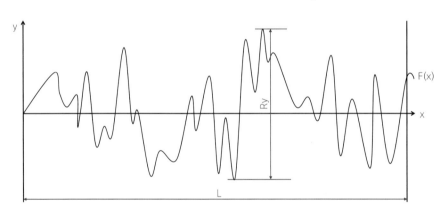

[그림 1-76] 최대 높이(Ry) 그래프

ⓒ **10점 평균 거칠기(Rz)**

10점 평균 거칠기(Rz)는 거칠기 곡선 $f(x)$에서 가장 높은 순서로 5개의 평균의 절댓값과 가장 낮은 순서로 5개의 평균의 절댓값의 차이이다.

Rz값을 수식으로 표현하면 다음과 같다.

$$Rz = \frac{|H_1 + H_2 + H_3 + H_4 + H_5| - |L_1 + L_2 + L_3 + L_4 + L_5|}{5}$$

단위는 μm(마이크로미터)이며 기호와 지시값은 $\sqrt{}^{\,Rz}$ 이다.

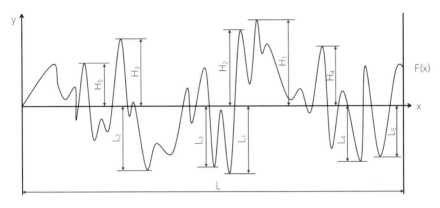

[그림 1-77] 10점 평균 거칠기(Rz) 그래프

ⓓ **요철의 평균 간격(Sm)**

거칠기 곡선 $f(x)$에서 하나의 산과 그에 대응하는 하나의 골의 평균 길이의 합을 나타내며 수식으로 표현하면 다음과 같다.

$$Sm = \frac{L}{n} \sum_{i=1}^{n} Smi$$

여기서 Smi는 요철의 간격이고, n은 요철 간격의 개수이다. 단위는 mm이며 기호와 지시값은 $\sqrt{}^{\,Sm}$ 이다.

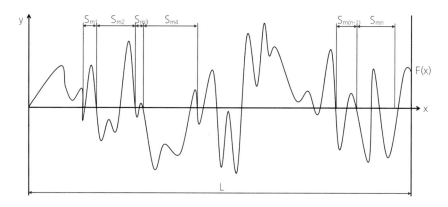

[그림 1-78] 요철의 평균 간격(Sm) 그래프

ⓔ **국부 산봉우리의 평균 간격(S)**

이웃하는 산봉우리 간격의 평균값이며 수식으로 나타내면 다음과 같다.

$$Sm = \frac{L}{n}\sum_{i=1}^{n} Smi$$

여기서 Si는 산봉우리의 간격이고, n은 산봉우리 간격의 개수이다. 단위는 mm이며 기호와 지시값은 $\sqrt{}$ s 이다.

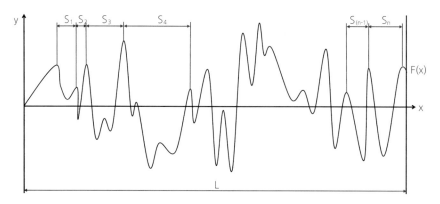

[그림 1-79] 국부 산봉우리의 평균 간격(S) 그래프

ⓕ 표면 거칠기 간략 표현

일반적으로 외형선의 표면에 표면 거칠기 기호와 지시값을 쓰지만, 반복이 많은 경우에 이를 아래 그림과 같이 간략화하여 표현할 수 있다.

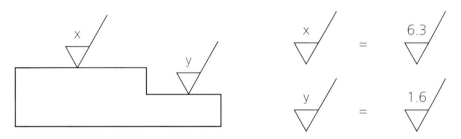

[그림 1-80] 표면 거칠기 간략 기호 예시

다듬질 정도	표면 거칠기 기호	비고
거친 다듬질	w	가공면이 거칠고 가공 흔적이 거의 다 남아 있다. 끼워 맞춤이 필요 없는 가공부
중 다듬질	x	거친 다듬질보다 매끄러우며 가공 흔적이 미세하게 남아 있다. 끼워 맞춤은 필요하나 마찰 운동이 필요 없는 가공부
상 다듬질	y	가공 흔적이 전혀 남아 있지 않는 깨끗한 상태이다. 끼워 맞춤과 마찰 운동이 모두 요구되는 가공부
정밀 다듬질	z	래핑, 호빙 등의 가공으로 가공 면이 마치 거울과 같이 매끄러운 초정밀 가공

[표 1-11] 일반적인 간략화 표시 방법

② 조립공차(끼워 맞춤, KS B 0401)

기계 부품의 조립에서 축과 구멍의 조립 정도로 구멍의 내경이 축의 외경보다 큰 경우(헐거움)에 양쪽 지름의 차이를 '틈새'라 하며, 그 반대의 경우(억지로 끼워짐)에 '죔새'라 한다. 아래 그림과 같이 왼쪽 그림은 축과 구멍 사이에 여유가 존재하는 반면, 오른쪽 그림에서는 축과 구멍 사이의 여유가 없고 오버랩이 된다.

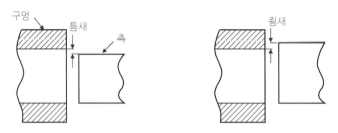

[그림 1-81] 축과 구멍의 틈새와 죔새

축과 구멍의 치수에 대한 공차역 클래스는 알파벳과 숫자로 나타내고, 치수 뒤에 붙여 쓴다.

참고로 아래 표의 중간 끼워 맞춤과는 다르지만 H7(구멍)과 h6(축)는 가끔 분해하는 축과 기어, 볼 베어링, 플렌지 등의 중간 끼워 맞춤에 해당한다. 사실 현장에서는 베어링을 분해할 일이 거의 없기 때문에 표에서 나오는 H7과 n6 등이 많이 사용된다.

기준 구멍	축의 공차 클래스							
	헐거운 끼워 맞춤		중간 끼워 맞춤				억지 끼워 맞춤	
H6	g5	h5	js5	k5	m5	-	-	-
	g6	h6	js6	k6	m6	-	n6	p6
H7	g6	h6	js6	k6	m6	n6	-	p6
	-	h7	-	-	-	-	-	-
H8	-	h7	-	-	-	-	-	-
	-	h8	-	-	-	-	-	-
H9	-	h8	-	-	-	-	-	-
	-	h9	-	-	-	-	-	-

[표 1-12] 주로 쓰이는 구멍의 끼워 맞춤 KS B 0401 중

[표 1-13]

기준축	구멍의 공차 클래스							
	헐거운 끼워 맞춤		중간 끼워 맞춤				억지 끼워 맞춤	
h5	-	H6	JS6	K6	M6	-	N6	P6
h6	G6	H6	JS6	K6	M6	N6	-	P6
	G7	H7	JS7	K7	M7	N7	-	P7
h7	-	H7	-	-	-	-	-	-
	-	H8	-	-	-	-	-	-
h8	-	H8	-	-	-	-	-	-
	-	H9	-	-	-	-	-	-
h9	-	H8	-	-	-	-	-	-
	-	H9	-	-	-	-	-	-

[표 1-13] 주로 쓰이는 축의 끼워 맞춤 KS B 0401 중

[표 1-14]

기준치수 구분 (mm)		축의 공차의 등급(g5~n7) (단위: μm)													
초과	이하	g5	g6	h5	h6	h7	h8	h9	js5	js6	js7	k5	k6	m5	m6	n7
-	3	-2 -6	-2 -8	0 -4	0 -6	0 -10	0 -14	0 -25	±2	±3	±5	+4 0	+6 0	+6 +2	+8 +2	+10 +4
3	6	-4 -9	-4 -12	0 -5	0 -8	0 -12	0 -18	0 -30	± 2.5	±4	±6	+6 +1	+9 +1	+9 +4	+12 +4	+16 +8
6	10	-5 -11	-5 -14	0 -6	0 -9	0 -15	0 -22	0 -36	±3	± 4.5	±7	+7 +1	+10 +1	+12 +6	+15 +6	+19 +10
10	14	-6 -14	-6 -17	0 -8	0 -11	0 -18	0 -24	0 -43	±4	± 5.5	±9	+9 +1	+12 +1	+15 +7	+18 +7	+23 +12
14	18															
18	24	-7 -16	-7 -20	0 -9	0 -13	0 -21	0 -33	0 -52	± 4.5	± 6.5	±10	+11 +2	+15 +2	+17 +8	+21 +8	28 +15
24	30															
30	40	-9 -20	-9 -25	0 -11	0 -16	0 -25	0 -39	0 -62	± 5.5	±8	±12	+13 +2	+18 +2	+20 +9	+25 +9	+33 +17
40	50															
50	65	-10 -23	-10 -29	0 -13	0 -19	0 -30	0 -46	0 -74	± 6.5	± 9.5	±15	+15 +2	+21 +2	+24 +11	+30 +11	+39 +20
65	80															
80	100	-12 -27	-12 -34	0 -15	0 -22	0 -35	0 -54	0 -87	± 7.5	±11	±17	+18 +3	+25 +3	+28 +13	+35 +13	+45 +23
100	120															

[표 1-14] 축의 치수 허용차 KS B 0401 중

기준치수 구분 (mm)		구멍의 공차 등급(G6~N7) (단위: µm)														
초과	이하	G6	G7	H6	H7	H8	H9	H10	JS6	JS7	K6	K7	M6	M7	N6	N7
-	3	+8 +2	+12 +2	+6 0	+10 0	+14 0	+25 0	+40 0	±3	±3	0 -6	0 -10	-2 -8	-2 -12	-4 -10	-4 -14
3	6	+12 +4	+16 +4	+8 0	+12 0	+18 0	+30 0	+48 0	±4	±6	+2 -6	+3 -9	-1 -9	0 -12	-5 -13	-4 -16
6	10	+14 +5	+20 +5	+9 0	+15 0	+22 0	+36 0	+58 0	±4.5	±7	+2 -7	+5 -10	-3 -12	0 -15	-7 -16	-4 -19
10	14	+17 +6	+24 +6	+11 0	+18 0	+27 0	+43 0	+70 0	±5.5	±9	+2 -9	+6 -12	-4 -15	0 -18	-9 -20	-5 -23
14	18	+17 +6	+24 +6	+11 0	+18 0	+27 0	+43 0	+70 0	±5.5	±9	+2 -9	+6 -12	-4 -15	0 -18	-9 -20	-5 -23
18	24	+20 +7	+28 +7	+13 0	+21 0	+33 0	+52 0	+84 0	±6.5	±10	+2 -11	+6 -15	-4 -17	0 -21	-11 -24	-7 -28
24	30	+20 +7	+28 +7	+13 0	+21 0	+33 0	+52 0	+84 0	±6.5	±10	+2 -11	+6 -15	-4 -17	0 -21	-11 -24	-7 -28
30	40	+25 +9	+34 +9	+16 0	+25 0	+39 0	+62 0	+100 0	±8	±12	+3 -13	+7 -18	-4 -20	0 -25	-12 -28	+25 +9
40	50	+25 +9	+34 +9	+16 0	+25 0	+39 0	+62 0	+100 0	±8	±12	+3 -13	+7 -18	-4 -20	0 -25	-12 -28	+25 +9
50	65	+29 +10	+40 +10	+19 0	+30 0	+46 0	+74 0	+120 0	±9.5	±15	+4 -15	+9 -21	-5 -24	0 -30	-14 -33	-9 -39
65	80	+29 +10	+40 +10	+19 0	+30 0	+46 0	+74 0	+120 0	±9.5	±15	+4 -15	+9 -21	-5 -24	0 -30	-14 -33	-9 -39
80	100	+34 +12	+47 +12	+22 0	+35 0	+54 0	+87 0	+140 0	±11	±17	+4 -18	+10 -25	-6 -28	0 -35	-16 -38	-10
100	120	+34 +12	+47 +12	+22 0	+35 0	+54 0	+87 0	+140 0	±11	±17	+4 -18	+10 -25	-6 -28	0 -35	-16 -38	-10

[표 1-15] 구멍의 치수 허용차 KS B 0401 중

③ 축 센터 표시(KS A ISO 6411)

축 센터에 관한 내용은 국가표준인증 시스템에 KS A ISO 6411에 자세히 나와 있다. 축 가공의 경우에 대부분 선반(공작물을 회전시켜 가동하는 공작 기계로 주로 축을 가공할 때 많이 쓰임)을 이용해서 가공한다. 이때 선반 주축(공작물을 회전시키는 축)의 중심선과 공작물 축의 중심선을 일치시켜서 고정하기 위한 가공을 지시하는 방법이다.

예를 들면 길이가 긴 축의 양쪽 끝단을 고정하지 않고 한쪽만 고정할 경우, 절삭 시 절삭 공구의 외력에 의해 축의 직진도 및 흔들림 공차에 문제

가 발생할 수 있다. 쉽게 말해 한쪽만 고정해서 회전시킬 때보다 양쪽을 잡고 회전시키는 것이 더 안정적이라는 말이다. 아래 사진에서 보는 것과 같이 축의 끝단부(측면) 센터에 작은 구멍이 뚫려 있다. 이 구멍이 축 센터 가공부이다.

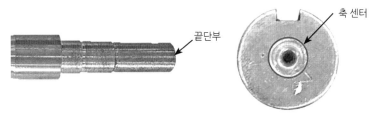

[그림 1-82] 원동축 센터 가공부

축 센터의 표시 방법은 'KS A ISO 6411 – (구멍 종류) (d, 안쪽 지름)/(D, 바깥 지름)'으로 기호 뒤에 도시한다.

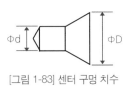

[그림 1-83] 센터 구멍 치수

가공부의 형상에 따라 A, B, R형 등으로 구분하고, 축 센터의 기호는 다음과 같다.

축 센터 필요 여부	그림 기호 및 도시 방법
필요한 경우	KS A ISO 6411 – A 2.5/5.3
필요하나 기본적 요구가 아닌 경우	KS A ISO 6411 – A 2.5/5.3
필요하지 않은 경우	

[표 1-16] 축 센터 표시 기호 KS A ISO 6411 중

센터 구멍 종류	상세 그림	도시 방법 예
R		KS A 6411 - R 2/4.25
A		KS A 6411 - A 2.5/5.3
B		KS A 6411 - B 3.15/10

[표 1-17] 축 센터 구멍의 종류 KS ISO A 6411 중

위의 축 센터 구멍의 종류에서 R타입의 경우 목 부분에 라운드가 들어가 있고, A타입은 바깥쪽에 카운터 싱크 가공이 되어 있다. B타입은 카운터 싱크가 두 번 들어가 있는 것을 볼 수 있다.

또 KS 규격에 가공부 형상에 따른 치수값이 정리되어 있다. 아래 표가 KS 규격에 나와 있는 축 센터 구멍의 종류에 따른 치수값이다.

d (단위: mm)	구멍 종류 (단위: mm)		
	'R' 타입 D	'A' 타입 D	'B' 타입 D
1.0	2.12	2.12	3.15
1.6	3.35	3.35	5
2.0	4.25	4.25	6.3
2.5	5.3	5.3	8
3.15	6.7	6.7	10
4	8.5	8.5	12
6.3	13.2	13.2	18
10	21.2	21.2	28

[표 1-17] 일반적으로 사용되는 축 센터 종류에 따른 치수 KS A ISO 6411

(5) 작도 시 주의사항

① 작도 시 중심선, 피치선 등 1점 쇄선에 해당하는 선을 하나라도 누락할 경우, **실격 처리**되므로 이에 유의한다.

② 스틸자와 버니어캘리퍼스를 이용하여 치수를 측정할 때, 소수점 자리까지 너무 정확하게 측정할 필요는 없다.

③ 축 스케치 시의 경우 전체 길이를 먼저 재고, 나머지 가공부 치수를 재는 것이 편하다. 측정이 어려운 부분은 마지막에 전체 길이에서 나머지 세부 측정값들의 합을 빼주어 표현한다.

④ 표면 거칠기, 조립 공차, 축 센터 표시 등의 디테일을 추가하면 높은 점수를 얻을 수 있다. 하지만 옳지 않은 표현은 오히려 **감점**될 수 있으니 유의하도록 한다.

※ 참고) 감속기 기어의 모듈과 관련 공식

앞서 감속기 구조에서 잠깐 다루었지만 기계 요소 스케치에서 중요한 항목이기 때문에 한 번 더 짚고 넘어가도록 한다. 피치원 지름은 모듈에 잇수를 곱한 값이며 모듈값이 클수록 이빨의 크기가 커진다는 것은 이미 배운 내용이다.

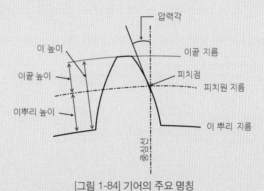

[그림 1-84] 기어의 주요 명칭

이제 모듈을 구하는 공식을 몇 가지 배워 보자. 모듈은 피치원 지름을 계산하는 중요한 정보이다. 이빨 수의 경우는 간단히 알 수 있지만, 모듈은 다음과 같은 공식을 이용하여 구하도록 한다.

모듈(m)과 관련된 공식

ⓐ m = PCD / 잇수

ⓑ m = 이 높이 / 2.25

　　→ 이 끝 높이 = 1*m, 이뿌리 높이 = 1.25*m

3) 감속기 주요 부품 도면 스케치

(1) 프리-핸드 스케치(Free-Hand Sketch) 감속기 부품 도면

도면작도 순서를 토대로 연필과 지우개만을 이용하여 스케치한다.

① 도면에 윤곽선 및 중심마크, 표제란, 요목표 선을 그린다.

② 스케치할 부품이 도면에 배치되는 위치를 고려하여 부품번호를 그린다.

③ 디자인선(중심선, 외형선, 피치선, 숨은선, 해칭선 등)과 관련된 선을 그린다. 제일 먼저 중심선을 그린 뒤, 나머지 선을 그리도록 한다.

④ 치수선 및 치수 보조선은 다른 선들과 간섭되지 않게 도면의 공간을 최대한 활용한다.

⑤ 실제 측정된 치수값을 치수선 위에 정자로 쓴다. 치수값이 다른 선과 간섭이 된다면 치수선을 다른 곳으로 옮긴다.

⑥ 기호, 주서, 표제란 및 요목표 채움 등 도면 마무리 작업을 실시하고, 빠진 부분이 없는지 확인한다. 중심선이나 디자인과 관련된 선들을 누락하지 않도록 특히 주의한다.

아래 그림은 감속기 주요 부품의 프리-핸드 스케치도이다. 표제란, 주서, 요목표는 '(2) CAD를 이용한 감속기 부품 도면'을 참고하도록 한다.

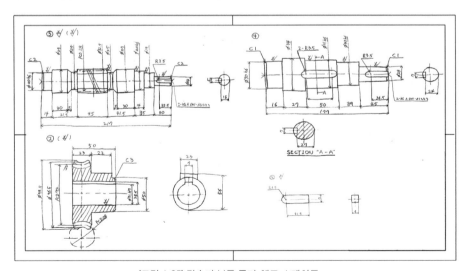

[그림 1-85] 감속기 부품 프리-핸드 스케치도

(2) CAD를 이용한 감속기 부품 도면

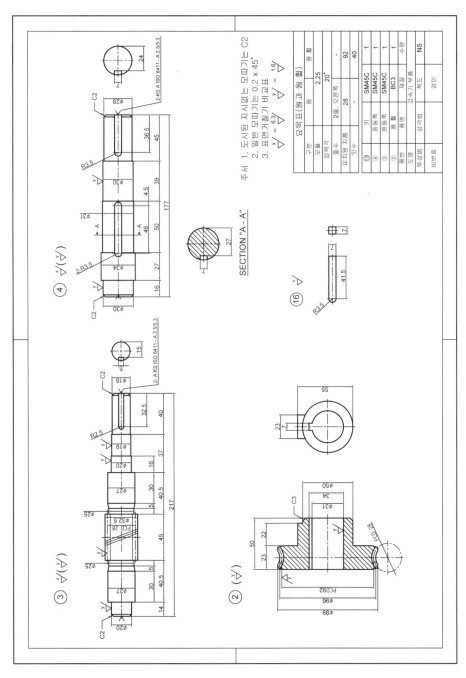

[그림 1-86] CAD를 이용한 감속기 주요 부품 도면

4. 개스킷 제작

※ 작업 시 유의사항

- 통제자의 지시에 따라 행동한다.
- 작업 시 상해를 입지 않도록 주의한다. 안전상 문제가 있다고 판단될 경우, 감독관 재량으로 실격
  처리될 수 있으므로 유의한다.
- 주변 정리 상태가 불량할 경우 감점될 수 있으니 유의한다.

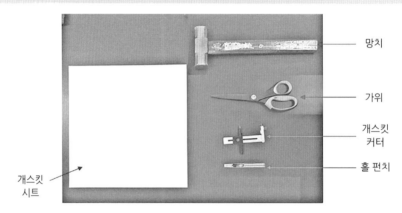

[그림 1-87] 개스킷 제작 시 지급 재료

1) 개스킷 내경 측정

버니어캘리퍼스를 이용해 종동축 또는 원동축 커버 내측 외경을 측정한다.

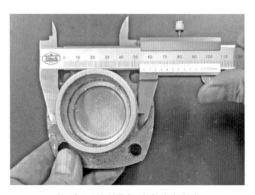

[그림 1-88] 원동축 커버 외경 측정

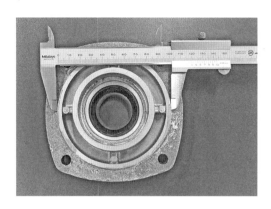

[그림 1-89] 종동축 커버 내측 외경 측정

2) 개스킷 커터 조정 및 컷팅

① 측정된 외경의 1/2로 버니어캘리퍼스의 눈금을 조정하고, 고정 나사를 손으로 조인다. 만약 종동축 커버 외경 사이즈가 104mm로 측정되었을 경우, 52mm로 조정한다.

② 개스킷 커터의 간격을 조정된(원래 측정값의 절반) 버니어캘리퍼스와 동일하게 맞추고 고정 나사를 손으로 조인다. 커터 간격이 버니어캘리퍼스 간격보다 작을 경우 커버와 개스킷의 조립이 안 될 수도 있으니 주의하자.

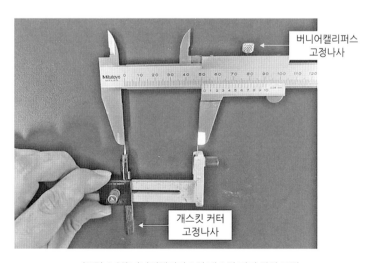

[그림 1-90] 버니어캘리퍼스와 개스킷 커터 간격 조정

③ 개스킷 커터의 날(Blade) 방향을 확인한다. 개스킷 커터를 적당한 힘으로 여러 번 회전시켜 개스킷의 내경 부분을 절단한다. 개스킷 커터를 고정한 채, 개스킷 시트를 돌려서 절단해도 무방하다.

한 번에 절단하기 위해 개스킷 커터를 세게 누르거나 칼집만 난 상태에서 손으로 찢을 경우, 치수가 맞지 않거나 버(Burr)가 많이 생길 수 있으니 주의하도록 한다.

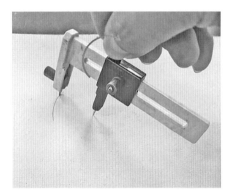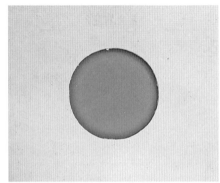

[그림 1-91] 개스킷 커터로 개스킷 내경 절단

3) 커버 외형 본뜨기

개스킷 내경과 커버 안쪽 외경 부분을 끼우고, 커버 외형과 볼트 홀의 형상을 연필을 이용해 본뜬다.

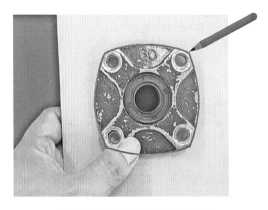

[그림 1-92] 개스킷 외형 및 홀 본뜨기

4) 홀 펀칭

펀치와 망치를 이용하여 볼트 홀을 뚫는다.

먼저 개스킷 시트에 펀치를 대고 망치로 가볍게 타격한다. 컷팅 부분이 잘 떨어지지 않을 경우, 해당 부위에 펀치를 손으로 힘을 주어 누른 상태에서 좌우로 돌리면 깔끔하게 제거된다. 망치로 타격할 때 상해를 입지 않도록 주의한다.

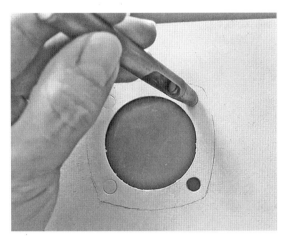

[그림 1-93] 홀 펀칭

5) 외형 커팅

가위를 이용하여 커버 외형선을 따라 자른다.

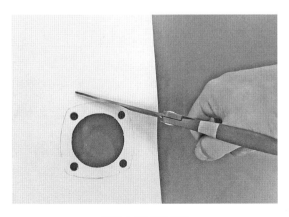

[그림 1-94] 외형 커팅

6) 확인 및 주변 정리

1)~5) 과정을 반복하여 원동축 커버 개스킷 2장, 종동축 커버 개스킷 1장을 제작하고, 각각 커버에 결합하여 잘 맞는지 확인한다.

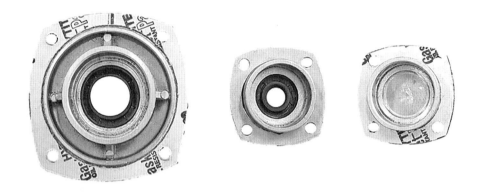

[그림 1-95] 개스킷 사이즈 확인

확인이 완료되었다면 개스킷 조립에 필요한 공구를 공구 보관함에 넣고, 주변을 정리 정돈한다. 그리고 감독관에게 확인을 받는다.

5. 감속기 조립 작업

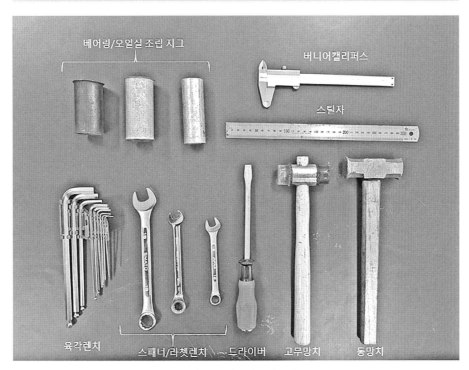

[그림 1-96] 감속기 조립 공구

1) 감속기 조립 준비

조립은 분해의 역순이므로 분해 순서를 잘 기억해 놓도록 한다. 분해 작업 시
순서에 맞게 테이블 위에 부품을 잘 정렬하면 조립이 편리하다.

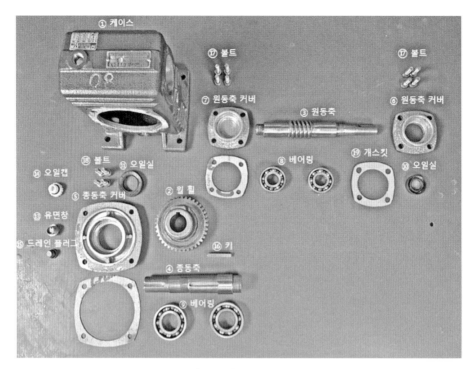

[그림 1-97] 감속기 구성 부품

2) 오일 캡, 유면창, 드레인 플러그 조립

오일 캡, 유면창, 드레인 플러그를 감
속기 케이스에 조립한다.

[그림 1-98] 오일 캡, 유면창, 드레인 플러그 조립

3) 종동축 조립

① 종동축 키 홈에 키를 끼우고, 웜휠을 조립한다. 웜휠이 손으로 잘 들어가지 않을 경우 전용 지그를 웜휠에 대고 망치로 타격하여 조립한다.

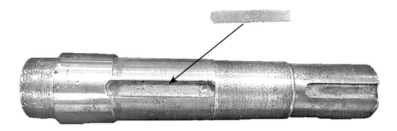

[그림 1-99] 종동축 키 홈에 키 삽입

[그림 1-100] 종동축에 웜휠을 조립

② 종동축 아래쪽(키가 없는 부분)의 베어링을 먼저 조립하고, 웜휠, 나머지 베어링 순으로 조립한다. 베어링 및 웜휠이 축에 잘 들어가지 않을 경우 조립 지그를 대고 망치로 타격하여 조립한다. 조립 지그의 한쪽 부분만 너무 강하게 타격하지 않는다. 조립 지그를 골고루 가볍게 타격한다.

[그림 1-101] 종동축에 베어링 조립

4) 종동축 커버에 오일 실 및 개스킷 조립

① 오일 실의 방향을 확인하고, 종동축 커버 중앙에 오일 실을 올려 놓는다. 그
리고 손으로 어느 정도 눌러 위치를 잡아준 뒤, 전용 지그를 오일 실에 대고
망치를 이용해 조립한다.

[그림 1-102] 종동축에 오일 실 조립

② 앞서 제작된 개스킷을 종동축 커버에 끼운다. 종동축 커버의 체결 홀과 개스킷의 홀이 일치하도록 조정한다.

[그림 1-103] 종동축 커버에 개스킷 장착

5) 감속기 케이스에 종동축 및 종동축 커버 조립

① 완성된 종동축을 케이스에 조심스럽게 넣는다. 이때 베어링이 케이스의 내측 하우징에 들어가도록 한다.

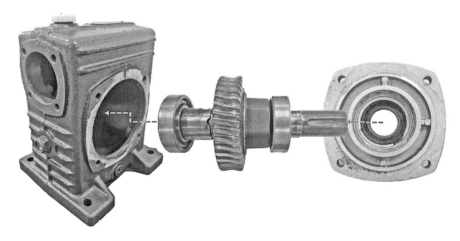

[그림 1-104] 감속기 케이스에 종축축 및 종동축 커버 조립

② 종동축 커버 내측 하우징에 베어링이 들어가도록 조립한다.

볼트 체결 시, 먼저 체결한 볼트와 다음에 체결할 볼트가 교차되는 순서로 체결하되, 한 번에 너무 많이 조이지 않는다. 어느 정도 조였으면 1~2회 정도 앞서 체결한 순서로 다시 조금씩 조여 준다. 이를 어길 경우 베어링이 하우징에 정확하게 안착이 되지 않거나, 커버가 케이스에 안착이 되지 않은 채로 체결력이 유지될 수 있다. 이렇게 되면 감속기가 정상적으로 작동되지 않는다.

6) 원동축 조립

① 원동축에 베어링을 끼운다. 베어링이 축에 잘 들어가지 않을 경우 조립 지그를 대고 망치로 타격하여 조립한다. 조립 지그의 한쪽 부분만 너무 강하게 타격하지 않고 골고루 가볍게 타격한다.

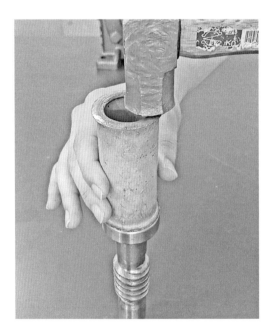

[그림 1-105] 원동축에 베어링 조립

② 원동축의 반대편에도 같은 방법으로 베어링을 장착한다.

[그림 1-106] 원동축에 베어링 조립 완료

7) 원동축 커버에 오일 실 및 개스킷 조립

① 오일 실의 방향을 확인하고, 원동축 커버 중앙에 오일 실을 올려놓는다. 그리고 손으로 눌러 어느 정도 위치를 잡아준 뒤, 전용 지그를 오일 실에 대고 망치를 이용해 조립한다.

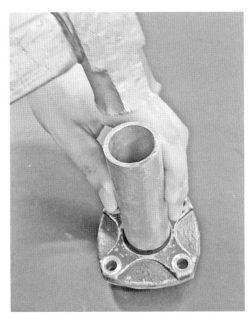

[그림 1-107] 종동축에 오일 실 조립

② 앞서 제작된 개스킷을 원동축 커버에 끼운다. 원동축 커버의 체결 홀과 개스킷의 홀이 일치하도록 조정한다.

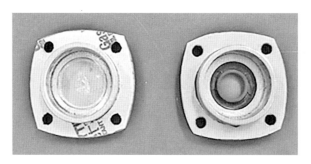

[그림 1-108] 원동축 커버에 개스킷 장착

8) 감속기 케이스에 원동축 및 종동축 커버 조립

① 원동축 조립의 경우, 방향이 바뀌어도 조립이 되므로 조립도면의 오일 캡 위치를 잘 보고 원동축의 방향을 결정하도록 한다. 원동축의 방향이 도면과 일치하지 않을 경우, **실격 처리**되므로 유의해야 한다.

원동축   오일캡   오일캡   원동축

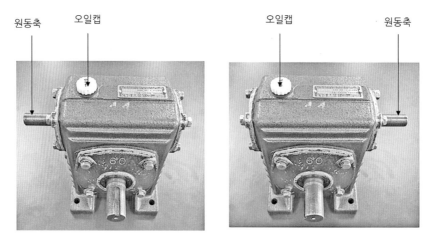

[그림 1-109] 원동축 조립(좌: 원동축 좌측 조립, 우: 원동축 우측 조립)

② 원동축 커버(품번: 7)를 감속기 케이스에 조립하고, 볼트의 체결 순서를 잘 지키도록 한다. 한 번에 너무 강하게 조이지 않고, 1~2회 정도 반복해서 더 조여 준다.

③ 원동축의 베어링이 원동축 커버(품번: 7)의 하우징에 끼운다. 이때 웜휠과 웜의 이빨이 교차 되도록 잘 물렸는지(웜과 웜휠의 치면이 제대로 안착되었는지) 확인한다.

④ 구멍이 뚫린 원동축 커버(품번: 6번)를 원동축에 끼우고, 하우징에 베어링이 들어가도록 한다. 이후 볼트를 이용해 감속기 케이스에 조립한다.

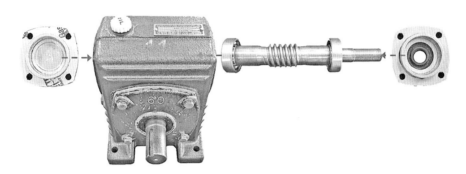

[그림 1-11] 감속기 케이스에 원동축 및 원동축 커버 조

9) 정상 작동 확인

① 마지막으로 빠진 부품이 없나 확인하고, 원동축을 돌려 종동축이 원활히 돌아가는지 확인한다. 만약 돌아가지 않는다면 원인을 찾아 해결해야 한다.

- 커버가 케이스에 제대로 안착되었는지
- 웜이 웜휠의 치면이 제대로 안착되었는지
- 원동축과 종동축의 베어링이 하우징에 잘 들어갔는지 확인한다.

[그림 1-111] 감속기 작동 상태 확인

② 사용한 공구는 공구통에 넣고, 주변 정리를 깔끔히 정리한 다음에 감독관에
게 확인을 받는다.

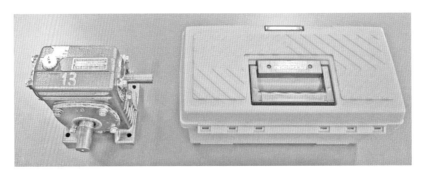

[그림 1-112] 주변 정리 정돈

CHAPTER 2

공 · 유압회로 구성작업

1. 공압 기기

2. 전기전자 제어 기기

3. 공압회로의 구성

4. 변위-단계 선도

5. 유압 기기

6. 유압회로의 구성

02 ——————— 공·유압회로 구성작업

유 · 공압이라고도 하며 크게 발생부, 제어부, 구동부로 나뉜다. 공기압 또는 유압을 이용한 제어 시스템으로 각종 의료 기기부터 중장비, 선박, 항공기, 공장의 자동화 설비 등 우리나라 산업 전반에 걸쳐 사용되고 있다. 본 Chapter에서는 공 · 유압 부품의 특성을 이해하고, 이를 통해 회로를 구성하는 방법에 대해 다루고 있다.

1. 공압 기기

1) 공기압 발생 장치

(1) 공기 압축기(Air Compressor)

공기 압축기는 대기 중의 공기를 흡입하고 압축시켜 에너지를 발생시키는 장치로 공압 시스템에 동력원이다.

공기의 압축 방식에 따라 왕복형 압축기와 회전형 압축기로 분류할 수 있다. 왕복형 압축기는 대표적으로 피스톤형과 다이어프램형이 있으며, 회전형 압축기에는 베인형, 스크롤형, 스크루형 등이 있다.

[그림 2-1] 공기 압축기

(2) 에어 서비스 유닛

공기압 필터(Filter) 공기압 조절기(Regulator), 윤활기(Lubricator)로 구성되어 있다.

① 공기압 필터: 압축공기에 포함된 이물질을 걸러주어 이물질에 의한 시스템의 손상을 막아준다.

② 공기압 조절기: 공압 시스템에 일정한 압력이 공급되도록 조절해 준다.

③ 윤활기: 공압 시스템에 윤활제를 공급하여 공압 기기의 부식을 막고, 마찰이 많은 구동부의 마모를 줄인다.

 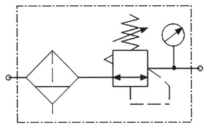

[그림 2-2] 에어 서비스 유닛

2) 공압 밸브

(1) 압력 제어 밸브

구동부를 얼마만큼의 힘으로 움직이게 할 것인가를 결정하는 밸브로, 힘의 크기를 결정하는 밸브이다. 종류는 압력 조절 밸브, 시퀀스 밸브, 릴리프 밸브, 압력 스위치 등이 있다.

(2) 유량 제어 밸브

구동부를 얼마나 빠르게 움직이게 할 것인가를 결정하는 밸브로, 속도의 크기를 결정하는 밸브이다. 종류는 교축 밸브, 속도 조절 밸브, 급속 배기 밸브 등이 있다.

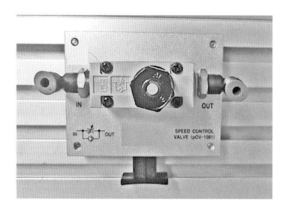 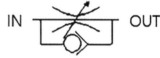

[그림 2-3] 속도 조절 밸브

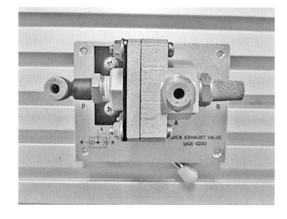 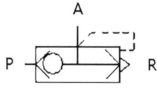

[그림 2-4] 급속 배기 밸브

(3) 방향 제어 밸브

구동부를 어떻게 움직이게 할 것인가를 결정하는 밸브로, 공기 흐름의 방향
을 결정하는 밸브이다. 조작 방식에 따라 인력 조작식, 기계식, 파일럿식, 전
자식(솔레노이드) 등이 있다.

체크 밸브(IN ──◇── OUT)는 대표적인 방향 제어 밸브로, 'IN' 방향으로는
공기의 흐름이 자유롭지만 'OUT'에서 'IN'방향으로는 공기가 흐를 수 없다.

아래 그림의 5/2-way 단동 솔레노이드 밸브의 경우, P는 입력포트로 메인
에어 라인과 연결되고, R1과 R2는 각각 배기구를 통해 공기가 배출된다. 평
상시엔 메인 에어가 B포트로 공급되고, A포트를 통해 R1으로 배기 된다. 또
솔레노이드의 전기적인 신호가 들어오면 밸브의 위치가 바뀌면서 A포트에 메
인 에어가 공급되고, B포트를 통해 R2로 배기된다.

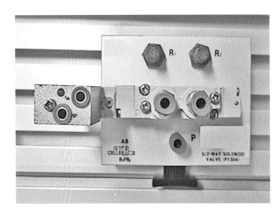

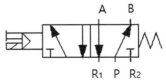

[그림 2-5]
5/2-way 단동 솔레노이드 밸브

다음 그림의 5/2-way 복동 솔레노이드 밸브의 경우, Y2에 전기적인 신호
가 들어오면 B포트에 메인 에어가 공급되고, A포트를 통해 R1으로 배기된다.
또 Y1에 전기적인 신호가 들어오면 밸브의 위치가 바뀌면서 A포트에 메인 에
어가 공급되고, B포트를 통해 R2로 배기된다.

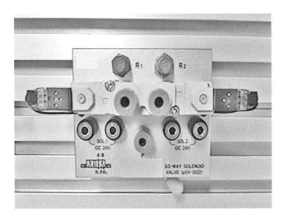
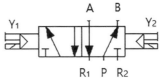

[그림 2-6]
5/2-way 복동 솔레노이드 밸브

3) 공압 액추에이터(구동부)

공압 시스템에 사용되는 엑츄이터는 회전운동을 하는 공압 모터와 직선운동을 하는 공압 실린더로 분류된다.

아래 그림과 같이 A포트와 B포트에 공압 호스를 회로도에 맞게 각각 연결하면 된다. A포트에 에어가 공급되면 실린더는 공압에 의해 전진될 것이고, B포트에 에어가 공급되면 실린더가 후진한다.

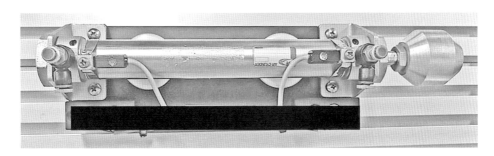
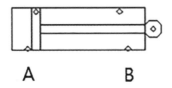

[그림 2-7] 복동 공압 실린더

2. 전기전자 제어 기기

1) 전기전자 기기 관련 용어

(1) 여자

계전기 코일에 통전시켜 자기화하는 것을 말한다.

(2) 소자

여자와 반대의 개념으로 계전기 코일에 전류를 차단시켜 자기화 성질을 잃게 하는 것을 말한다.

(3) 자기유지

계전기가 여자된 후에도 동작이 계속 유지되는 것을 말한다.

(4) 조깅

기기의 미소 시간 동작을 위해 조작 또는 동작시키는 것을 말한다.

(5) 인터록

두 가지 이상의 계전기의 동작의 연관성을 부여하는 것으로, 예를 들면 한 계전기가 동작할 때에는 다른 계전기가 동작하지 않는 것을 말한다.

(6) 접점

작은 면적 간의 접촉을 통해 전류를 통과시키거나 차단시키는 부분을 말한다. 접점의 종류는 다음과 같다.

① a 접점

외력을 가하지 않는 한 접점이 항상 열려 있는 접점을 말한다. 상시 열림, 정상상태 열림(normally open, N/O형), make contact라고도 한다.

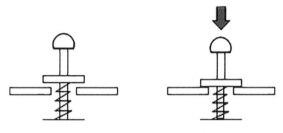

[그림 2-8] a 접점 푸시 버튼 스위치

② b 접점

a접점과 반대로 평소에 닫혀 있어 통전되고 있다가 외력이 작용하면 열리는 접점을 말한다. 상시 닫힘, 정상상태 닫힘(normally closed, N/C형), break 접점이라고도 한다.

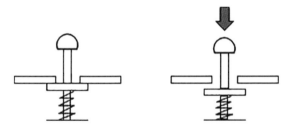

[그림 2-9] b 접점 푸시 버튼 스위치

③ c 접점

하나의 스위치에 a, b접점을 동시에 가지고 있는 접점이다. 이 접점은 하나의 스위치에 a접점과 b접점이 혼합된 형태로 둘 중 하나의 접점만 선택 가능하다. c접점(change over contact) 또는 절환 접점, 전환 접점이라고도 한다.

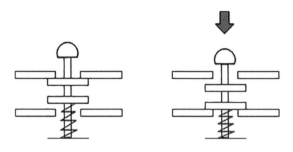

[그림 2-10] c 접점 푸시 버튼 스위치

구분	a 접점	b 접점
누름 버튼 스위치 (PB)		
리미트 스위치 (LS)		
릴레이 (K)		

[표 2-1] 기기별 접점 기호

2) 전기전자 기기 구성

(1) 전원 공급기(Power Supply)

외부에서 들어오는 전원을 원하는 값과 형태로 변환하여 안정적인 전원을 공급해주는 장치이다. 작동은 아래 그림에서 ①번 스위치와 ②번 스위치를 차례로 눌러 'ON' 하면 된다. 그림 오른쪽 하단에 'DC OUTPUT'에 붉은색 단자가 (+), 파란색 단자가 (-)이다.

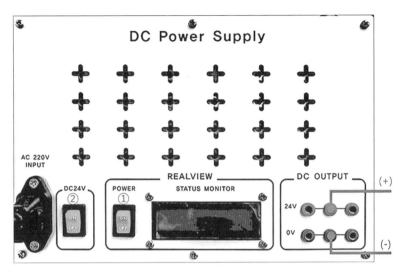

[그림 2-11] 전원 공급기

(2) 신호 입력 스위치 유닛

버튼을 누름으로써 회로가 열리거나 닫히는 장치이다. 누름 버튼 스위치에
대한 릴레이와 접점이 각각 연결되어 있다.

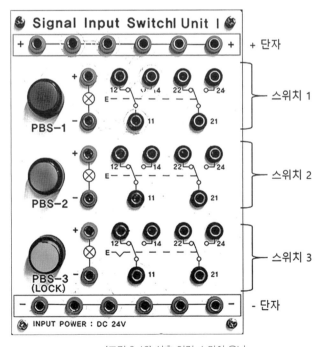

[그림 2-12] 신호 입력 스위치 유닛

(3) 릴레이 유닛

전기적인 신호가 들어왔을 때 회로를 열거나 닫는 장치이다. 아래 그림에서 RY1, RY2, RY3가 본 교제의 전기 회로도에 나오는 K1, K2, K3 릴레이에 해당 되고, 그 옆에 나란히 각 릴레이에 대한 접점이 있다.

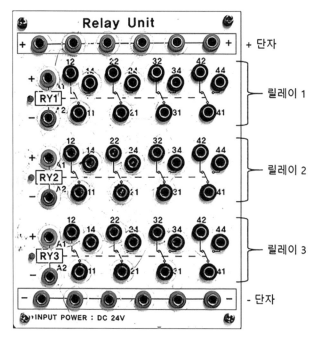

[그림 2-13] 릴레이 유닛

(4) 타임 릴레이 유닛

설정된 시간에 도달했을 때 회로를 열거나 닫는 장치로써, 시간 지연 회로를 구성할 때 사용한다. 이 장치는 ON Time Delay 회로 및 OFF Time Delay 회로로 구성되어 있다. 입력 신호에 대해 일정 시간이 지난 후에 접점이 ON 되면 ON Time Delay 회로라 하고, 반대로 OFF가 되면 OFF Time Delay 회로라 한다.

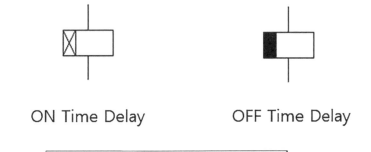

ON Time Delay   OFF Time Delay

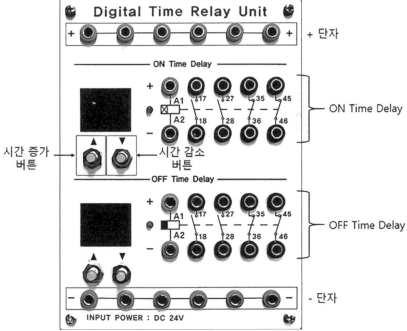

[그림 2-14] 타임 릴레이 유닛

(5) 카운터 릴레이 유닛

전기 신호가 설정된 횟수에 맞게 들어 왔을 때 회로를 열거나 닫는 장치이다.

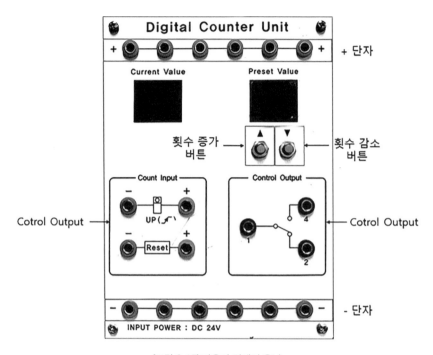

[그림 2-15] 카운터 릴레이 유닛

(6) 검출 기기

① 접촉형 검출기

ⓐ **누름 버튼 스위치**(push button switch)

가장 일반적으로 사용하고 있는 스위치로서 버튼을 누르면 전환 요소는 스프링의 힘에 대항하여 동작한다. a접점, b접점, c접점이 있다.

ⓑ **리미트 스위치**

마이크로 스위치를 내장한 것으로 밀봉되어 방수, 방청의 구조로 내구성이 요구되는 장소나 외력으로부터 기계적 보호가 필요한 생산 설비와 공장

자동화 설비 등에 사용된다. 기기의 운동 행정 중 정해진 위치에서 동작하는 제어용 검출 스위치로 스냅액션형의 ON, OFF 접점을 갖추고 있다. 따라서 리밋 스위치를 봉입형 마이크로 스위치라고도 한다.

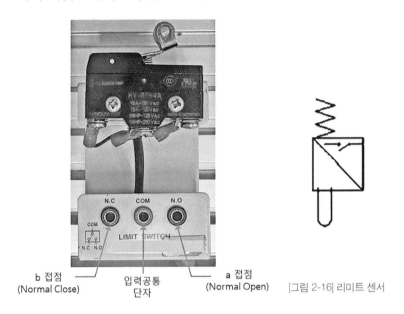

b 접점
(Normal Close)   입력공통
단자   a 접점
(Normal Open)   [그림 2-16] 리미트 센서

② 비접촉형 검출기

ⓐ 광전 센서(Photo electric sensor)

투광부에서 빛을 발산하고, 이 빛이 대상물에 의해서 반사, 투과, 흡수, 차광 등의 변화를 수광부에서 받아 신호화한다. 주로 물체의 유무 검출에서부터 색채 검출 및 색 농도 검출, 이미지 검출 등에 사용된다. 광전 센서 또는 포토 센서, 광 센서 등으로 불린다.

ⓑ 초음파 센서

주파수가 높고 파장이 짧은 음파를 발신하고, 물체에 부딪혀 돌아오는 반사파의 유무, 감쇠량 등을 검출하여 신호화한다.

3. 공압회로의 구성

1) 주요 공압회로 기호

아래 표는 자주 사용하는 공압 기기들의 명칭과 기호를 나타낸 것이다.

명칭		기호	비고
공기압력원			공기압을 공급
배기구			공기압을 배출
공압 밸브	체크 밸브	IN —◁○— OUT	공기의 흐름이 한 방향
	교축 밸브	IN ——✕— OUT	유량을 조절
	급속 배기 밸브		배기 속도를 빠르게 함
	속도 조절 밸브	IN ——✕— OUT	유량 조절+방향 조절
공압 전기 밸브	3-2Way 단동 솔레노이드 밸브		전기적 신호로 공기의 흐름을 제어
	5-2Way 단동 솔레노이드 밸브		↑
	5-2Way 복동 솔레노이드 밸브		↑

명칭		기호	비고
액추-에이터	단동 실린더 (스프링 복귀형)	A	공압에 의해 전진, 스프링의 힘으로 후진
	복동 실린더	A B	공압에 의해 전/후진
전기 스위치	리미트 스위치		물리적 신호를 전기적 신호로 변환

[표 2-2] 주요 공압 기호표

2) 공압회로 구성 실습

※ 작업 시 유의사항

- 통제자의 지시에 따라 행동한다.
- (+)는 붉은색, (-)는 파란색 또는 검정색 케이블을 사용한다.
- 작업 중에는 전기와 공압을 차단시키고, 작동 시에는 구동부에 케이블과 호스가 간섭되지 않도록 반드시 정리한다.
- 부품 취급 시 상해를 입지 않도록 유의한다.
- 작동 중에는 절대 회로 및 구동부에 손을 대지 않는다.

(1) 단동 실린더 제어

누름 버튼 스위치(PB1, 이하 PB1이라 한다)를 계속 누르고 있으면 K1 릴레이가 여자된다. 이후 K1 a접점이 닫히고, 단동 솔레노이드 밸브(Y1)가 작동되면 밸브의 제어 위치가 바뀌게 된다. 이렇게 되면 공기가 관로를 따라 실린더(A)의 내부로 유입되고, 실린더(A)가 전진한다. 이때 PB1을 놓으면 K1 a접점이 열리고, 단동 솔레노이드 밸브가 스트링에 의해 복귀하면서 실린더 역시 스프링에 의해 후진한다.

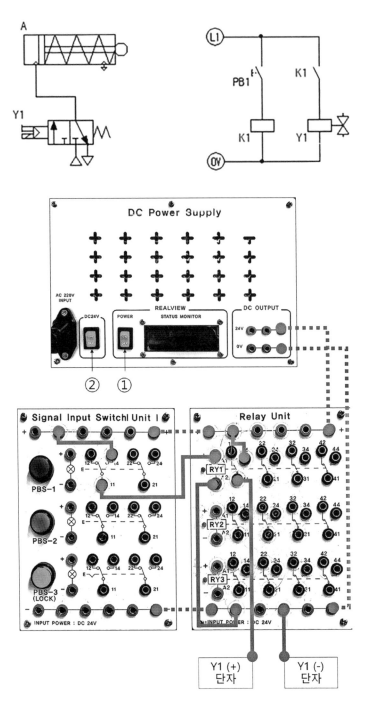

[그림 2-17] 단동 실린더 제어 회로

(2) 복동 실린더 제어

① 실린더 전진

- PB1 스위치를 누른 상태로 유지한다.
- K1 릴레이가 여자된다.
- K1 a접점이 닫히고, K1 b접점이 열린다.
- 복동 솔레노이드 밸브 Y1이 여자되고, Y2가 소자 되면서 밸브의 위치가
바뀐다.
- 실린더(A)가 전진한다.

② 실린더 후진

- PB1을 놓게 되면 '실린더 전진'과 반대의 과정으로 실린더(A)가 후진한다.

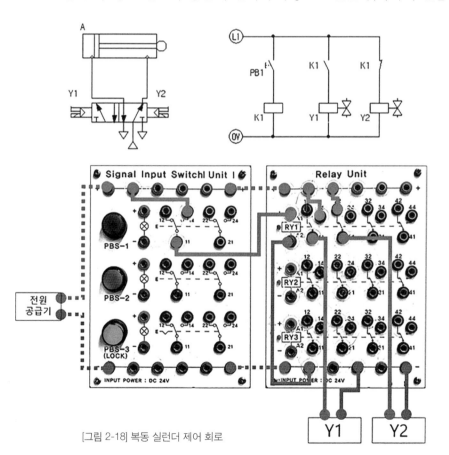

[그림 2-18] 복동 실린더 제어 회로

(3) 자기유지 회로(Self-hold circuit)

릴레이가 한 번의 통전으로 그 상태를 계속 유지되게 하는 회로이다. 쉽게 말해 스위치를 눌렀다가 놓더라도 스위치를 계속 누른 효과를 볼 수 있다.

① 실린더 전진

- PB1을 누른다.
- K1 릴레이가 여자되고, K1 a접점이 닫힌다.
- PB1을 놓는다.
- PB1에 의해 이미 K1 릴레이와 닫힌 K1 a접점이 통전되어 있기 때문에 이 둘 사이의 회로를 끊지 않는 이상, 현 상태를 유지한다.
- K1 a접점에 의해 단동 솔레노이드 밸브(Y1)가 여자되고, 실린더(A)가 전진한다.

② 실린더 후진

- PB2를 누른다.
- K1 릴레이와 닫힌 K1 a접점의 연결이 끊기면서 K1 a접점이 열린다.
- 단동 솔레노이드 밸브(Y1)가 소자되면서 스프링에 밸브 위치가 바뀐다.
- 실린더(A)가 후진한다.

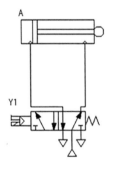
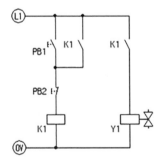

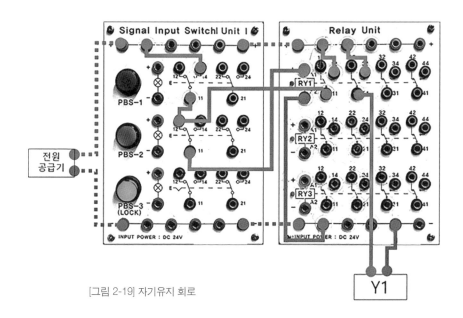

[그림 2-19] 자기유지 회로

(4) 리미트 스위치를 이용한 실린더의 자동 복귀 제어

- PB1을 눌렀다가 놓는다.
- K1 릴레이가 자기유지되고, K1 a접점이 닫힌다.
- 복동 솔레노이드 밸브 Y1이 작동되고, 밸브 위치가 바뀐다.
- 실린더(A)가 전진하고, 리미트 센서(LS1, 이하 LS1이라 한다.)를 친다.
- LS1이 여자되고, K2 릴레이가 여자된다.
- K2 b점점이 열리면서 K1 릴레이가 소자되고, K2 a접점이 여자되어 복동 솔레노이드 밸브 Y2를 작동시켜 밸브 위치가 바뀐다.
- 실린더(A)가 후진한다.

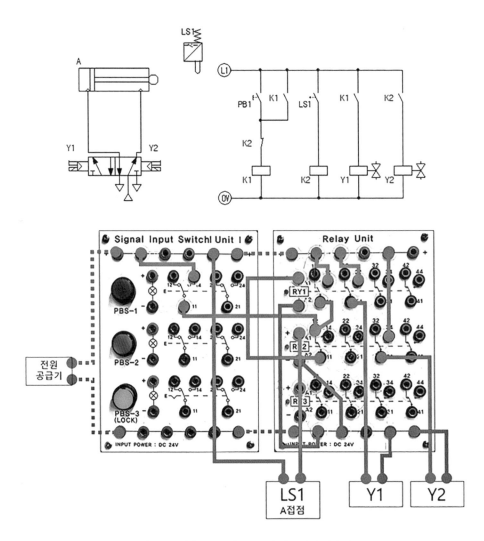

[그림 2-20] 리미트 스위치를 이용한 자동 복귀 제어 회로

4. 변위-단계 선도

구동부(실린더)의 동작 순서에 맞는 변위를 나타낸 그래프다. 가로축은 순서에 따른 각 단계를 나타내고, 세로축은 변위값(1 = 실린더 진진, 0 = 실린더 후진)을 나타낸다.

예를 들어, 두 개의 실런더 A와 B로 구성된 시스템에서 동작 순서가 '실린더 A 전진 → 실린더 B 전진 → 실린더 A 후진 → 실린더 B 후진'일 때, 실린더 A와 B의 변위-단계 선도는 아래 그림과 같다.

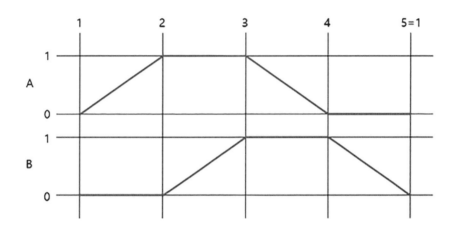

[그림 2-21] 변위-단계 선도 그림

① 1-2 단계: 실린더 A 전진

② 2-3 단계: 실린더 B 전진

③ 3-4 단계: 실린더 A 후진

④ 4-5(1)단계: 실린더 A 후진

5. 유압 기기

1) 유압 발생 장치

(1) 유압 펌프(Hydraulic oil pump)

밀폐된 계에서 전동기를 통해 발생하는 기계에너지를 유압에너지로 변환하는 장치로서 기본적으로 펌프에서 기름을 흡입하여 유압회로로 배출하는 방식으로 동력을 만들어 낸다.

펌프의 구조에 따라 크게 용적형 펌프와 비용적형 펌프로 분류할 수 있다. 용적형 펌프는 회전운동을 하는 기어 펌프와 베인 펌프 등이 있고, 왕복운동을 하는 피스톤 펌프와 왕복동 펌프 등이 있다. 또한 비용적형 펌프는 원심력을 이용하는 터빈 펌프, 벌류트 펌프가 있으며, 그 외에 축류 펌프, 혼유형 펌프 등이 있다.

① 유압유(작동유)

유압 시스템을 작동하기 위한 매체로 유압식 동력 시스템에서 동력 전달을 위해 사용된다. 주요 기능으로는 동력 전달, 윤활, 밀봉, 열 발산 등이다. 유압유로 사용하기 위한 필요 조건으로는 윤활성, 비압축성, 적절한 점도, 화학적 안정성, 난연성, 소포성, 무독성, 저휘발성 등이 있다.

초기 유압 시스템은 물을 사용했다. 하지만 물은 온도에 따른 체적 변화가 크고, 금속으로 된 시스템의 녹 발생을 가속화시켰다. 이후, 물 대신 석유 계통의 광물성 오일을 사용하기 시작했고, 첨가제를 추가하여 녹 발생을 막았다. 하지만 쉽게 연소하는 성질로 화재의 위험이 있었다. 그래서 화재의 위험을 막기 위해 물을 기반으로 하는 내화성 유압유를 사용했다. 최근 들어서는 극한의 온도와 압력에 견디는 합성 유압유를 사용하고 있다.

② 펌프의 원리

아래의 그림에서 보이는 것과 같이 오일 탱크에 피스톤 펌프가 연결되어 있다. 펌프의 피스톤로드를 왼쪽으로 당기게 되면 펌프 내에 진공이 발생하여 탱크와 펌프 사이의 압력 차이로 인해 탱크의 오일이 펌프 내로 유입된다. 이때 '체크 밸브1'이 열리면서 탱크의 오일이 펌프로 유입되고, '체크 밸브2'는 닫힌다. 다시 피스톤 로드를 오른쪽으로 밀게 되면 펌프 내의 압력이 높아져 오일이 이동한다. 이때 '체크 밸브1'이 닫히면서 펌프 내의 오일이 탱크로 들어가는 것을 막아주고, '체크 밸브2'는 열리면서 펌프 내의 유압유를 회로로 보내준다.

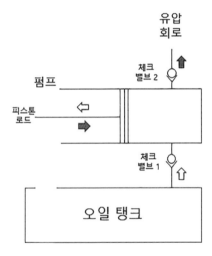

[그림 2-22] 펌프의 원리

(2) 압력 필터

회로 내의 이물질을 걸러주어 유압 기기를 보호하는 역할을 한다.

(3) 유량계

유량을 측정하는 기기이다.
관 속에 흐르는 유체의 전후 압력차를 이용하여 유량을 측정하는 차압식과 아래로 내려갈수록 면적이 좁아지는 수직관 속에 플로트(Float)를 넣어, 유체에 의해 발생되는 부력을 이용하여 유량을 측정하는 면적식 유량계가 대표적이다.

(4) 어큐뮬레이터(Accumulator)

유압 펌프로부터 발생되는 고압의 기름을 저장하는 장치이다. 유압에너지를 축적하여 정전이나 고장이 발생할 경우에 유압을 공급하고, 맥동 현상을 완화시키는 역할을 한다.

 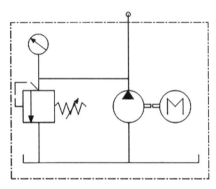

[그림 2-23] 유압 발생 장치

2) 유압 밸브

(1) 압력 제어 밸브

① 릴리프 밸브

회로 내의 최대 압력을 제한하여 일정한 압력을 유지시키는 밸브이다. 회로의 압력이 밸브 내에 스프링의 탄성력보다 커지면 밸브가 열리면서 작동유를 탱크로 보내는 구조이다.

아래 그림과 같이 일정 압력이 발생할 경우, P포트를 통해 펌프에서 공급되는 작동유가 T포트를 통해 탱크로 배출된다. 릴리프 밸브 사진에서 밸브 오른쪽 조정 나사를 돌려 압력을 조절한다.

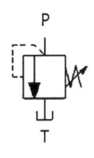

[그림 2-24] 릴리프 밸브

② 카운터 발란스 밸브

특정 회로에 배압을 발생시키기 위한 밸브이다. 액추에이터가 작업이 끝날 무렵에 부하 저항이 급격히 감소하여 추락하는 것을 방지할 때 쓴다.

아래 그림과 같이 릴리프 밸브에 체크 밸브가 결합된 구조로 P포트를 통해 일정 압력이 도달되어야 A포트로 작동유가 배출된다. A포트에서 P포트로는 체크 밸브에 의해 작동유가 자유롭게 흐를 수 있다. 왼쪽 사진에서 밸브 오른쪽 조정 나사를 돌려 압력을 조절한다.

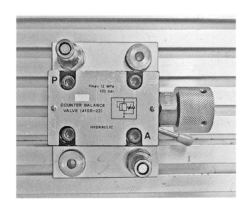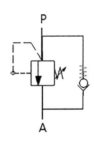

[그림 2-25] 카운터 발란스 밸브

③ 시퀀스 밸브

주회로의 압력 변화 없이 작동 순서를 순차적으로 제어하기 위한 밸브이다. 릴리프 밸브와 유사한 작동 원리이며, P포트에서 설정 압력이 걸리면 A포트로 작동유가 흐르면서 다음 동작을 실시한다.

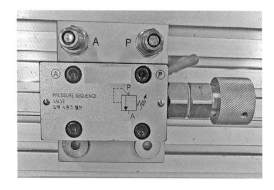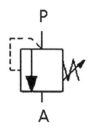

[그림 2-26] 시퀀스 밸브

④ 압력 스위치

유압 신호를 전기적인 신호로 변경하는 역할을 한다. 일정 압력이 들어오면 밸브 내에 스위치가 작동하여 전기 신호를 보낸다. 아래 사진 왼쪽 조정 나사를 돌려 압력을 조절한다.

[그림 2-27] 압력스위치

(2) 유량 조절 밸브

① 스로틀 밸브

조정 나사를 돌려 회로 내의 유량을 제어하는 밸브이다.

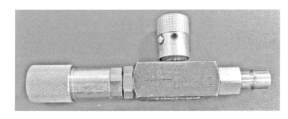 

[그림 2-28] 스로틀 밸브

② 스로틀 체크 밸브

스로틀 밸브와 체크 밸브가 결합된 구조로 한쪽 방향으로만 유량을 제어할 수 있다.

 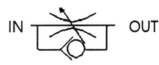

[그림 2-29] 스로틀 체크 밸브

③ 셧-오프(스톱) 밸브

핸들을 돌려서 작동유의 흐름을 차단하고자 할 때 쓰는 밸브이다.

[그림 2-30] 셧-오프 밸브

(3) 방향 제어 밸브

작동유 흐름의 방향을 결정하는 밸브이다. 밸브 구조에 따라 스풀 타입, 포 핏 타입, 로터리 타입으로 나뉜다.

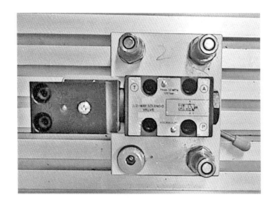
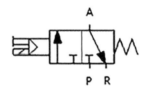

[그림 2-31]
3/2-way 단동 솔레노이드 밸브

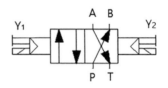

[그림 2-32]
4/2-way 복동 솔레노이드 밸브

3) 유압 액추에이터(구동부)

유압 펌프에서 발생하는 유압 에너지를 기계 에너지로 바꾸는 장치이다. 크게 회전 운동을 하는 유압 모터와 직선 운동을 하는 왕복동형 액추 에이터로 나뉜다.

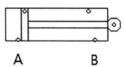

[그림 2-33] 유압 복동 실린더

6. 유압회로의 구성

1) 주요 유압회로 기호표

아래 표는 자주 사용하는 유압 기기들의 명칭과 기호를 나타낸 것이다.

명칭		기호	비고
유압력원			작동유 공급(▲)
탱크			작동유 배출
압력계			회로 내의 압력을 지시
유압 밸브	체크 밸브	IN — OUT	작동유의 흐름을 한 방향으로 제어
	스로틀 밸브	IN — OUT	유량을 조절
	스로틀 체크 밸브	IN — OUT	유량 조절 + 방향 조절
	감압 밸브	P A	회로 내의 압력을 낮춤

명칭		기호	비고
유압 밸브	릴리프 밸브		회로의 압력을 일정하게 유지
	카운터 발란스 밸브		회로 일부에 배압을 발생
	압력 스위치		일정 압력이 들어오면 전기적 신호를 발생
유압 전기 밸브	3-2Way 단동 솔레노이드 밸브		전기적 신호로 공기의 흐름을 제어
			↑
	4/3-Way 복동 솔레노이드 밸브		↑
액츄-에이터	단동 실린더 (스프링 복귀형)		유압에 의해 전진, 스프링의 힘으로 후진
	복동 실린더		유압에 의해 전/후진
전기 스위치	리미트 스위치		물리적 신호를 전기적 신호로 변환

[표 2-3] 주요 유압 기호표

2) 유압회로 구성 실습

※ 작업 시 유의사항

- 통제자의 지시에 따라 행동한다.
- 작업 중에는 전기와 유압 펌프를 차단시키고, 작동 시에는 구동부에 케이블과 호스가 간섭되지 않도록 반드시 정리한다.
- 부품 취급 시 상해를 입지 않도록 유의한다.
- 작동 중에는 절대 회로 및 구동부에 손을 대지 않는다.

아래 그림과 같은 유압회로도를 실제로 구성해 보도록 하자.

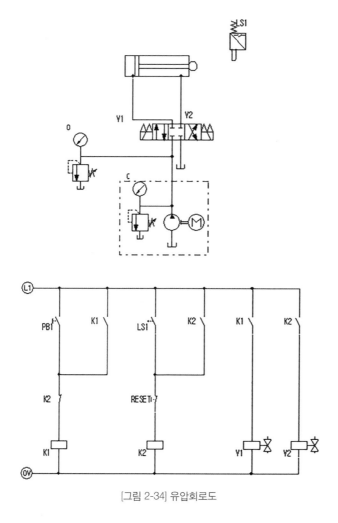

[그림 2-34] 유압회로도

회로를 구성하기에 앞서 필요한 유압 부품부터 살펴보자. 유압 펌프와 탱크, 압력 릴리프 밸브, 4/3-Way 밸브, 유압 복동 실린더, 리미트 센서, 압력 게이지, 유량 분배기가 필요하다. 여기서 압력 게이지는 유량 분배기 부착형을 사용한다.

자세한 회로 구성 방법은 아래와 같다.

첫째, 유압원과 릴리프 밸브, 4/3-Way 밸브를 유량 분배기 부착형 압력 게이지를 이용해 연결한다. 여기서 4/3-Way 밸브와 릴리프 밸브의 몸체에 있는 간략 기호가 회로도와 일치하는지를 보고, 'P'포트에 연결한다.

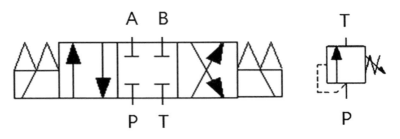

[그림 2-35] 4/3-Way 밸브와 릴리프 밸브의 기호

둘째, 4/3-Way 밸브의 'A'포트를 복동 실린더의 전진 포트에 연결한다.

셋째, 복동 실린더의 후진 포트를 4/3-Way 밸브의 'B'포트에 연결한다.

넷째, 4/3-Way 밸브의 'T'포트를 분배기의 포트 중 아무 곳에나 연결한다.

다섯째, 분배기의 포트 중 하나를 유압 탱크와 연결한다.

여섯째, 릴리프 밸브의 'T'포트를 분배기에 연결한다.

마지막으로 연결되어 있지 않은 포트가 있는지 확인하고, 전기 회로도를 결선한다.

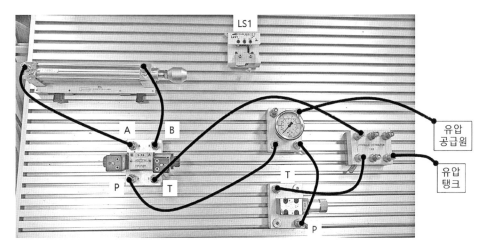

[그림 2-36] 유압회로 연결 예시

CHAPTER 3

설비 진단 및 측정 작업

1. 설비 진단 기술
2. 소음 측정
3. 진동 측정

03 ——— 설비 진단 및 측정작업

설비의 상태를 진단하는 방법으로는 크게 진동법, 응력법, 오일 분석법, 비파괴 분석법 등이 있다. 이러한 분석법들을 통해 설비의 현재 상태를 파악하고, 이에 맞는 유지 보수를 통해 잠재적 비가동 요소를 없애야 한다. 본 Chapter에서는 여러 가지 분석법 중 진동(소음)을 이용한 분석법을 위주로 다루고 있다.

1. 설비 진단 기술

1) 설비진단 기술의 정의

근래 플렌트의 생산 설비는 대형화, 복잡화, 고속화, 정밀화되고 있다. 설비 문제는 제품의 생산성과 품질에 직결될 정도로 생산 설비에 대한 의존도가 높다. 설비진단 기술은 설비를 정량적으로 관측하고, 이를 통해 현재 상태를 파악하고, 나아가 미래를 예측할 수 있는 기술이다.

2) 설비진단 기술의 종류

(1) 진동법

설비에서 발생하는 이상 징후 중에 소음 또는 진동을 측정하여 설비를 진단하는 방법이다.

(2) 응력법

실제 응력과 응력의 분포를 측정하여 이를 비교, 분석하여 설비를 진단하는 방법이다.

(3) 오일분석법

기계장치 내의 오일의 성분을 분석하여 설비를 진단하는 방법이다. 대표적으로 페로그래피법과 SOAP법이 있다.

① 페로그래피법

자석을 이용해 오일 내에 마모 입자의 형상, 크기, 재질 등을 이용하여 분석하는 방법이다. 아래 그림과 같이 기계 장치에서 추출한 오일을 자석 위의 슬라이드에 조금씩 부으면 자석에 의해 금속 입자가 슬라이드 앞쪽에 분포된다. 슬라이드 뒤쪽엔 비자성 입자들이 자중에 의해 슬라이드에 남겨지고, 오일은 배출구를 통해 배출된다. 이렇게 채취된 입자들을 분석하는 방법이다.

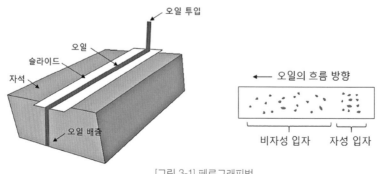

[그림 3-1] 페로그래피법

② SOAP법

채취한 오일을 연소시켜 이때 발생하는 금속의 고유한 발광 및 흡광 현상을 분석하는 방법이다.

3) 상태 감시

상태 감시란, 기계의 현재 상태를 감시하는 활동으로 이를 통해 여러 가지 계획을 수립할 수 있다. 계(System)의 변화를 감시하는 것이 주된 목적이며, 변화의 크기와 방향을 시간 경과에 따라 추이를 관찰하고 분석해야 한다. 또 경보를 설정하여 유사시에 대비해야 한다.

이러한 상태 감시를 통해 시스템의 잠재적인 문제를 예지하는 활동을 예지 보전이라 한다. 상태 감시 대상의 예를 회전하는 기계로 들어보면 진동, 소음, 모터의 전압/전류, 온도 등의 변화 상태가 된다.

상태 감시를 통해 얻을 수 있는 이점으로는 변화에 따른 적절한 대응으로 대형 사고를 미연에 방지하고, 설비의 신뢰성을 올릴 수 있다. 또 나아가 비가동 시간을 줄이고, 인건비가 절약되며, 수리에 따른 갑작스러운 지출을 줄여서 이윤을 증대시킬 수 있다.

2. 소음 측정

1) 소음의 개요

(1) 소음의 정의

혼히 사람이 듣기에 거북한 소리, 들었을 때 불쾌한 소리를 소음이라 한다. 이 말만 단순히 해서하면 소음은 아주 수관적인 경향의 단어라 할 수 있다. 예를 들면 오랜 세대에 거쳐 사랑받아 온 유명 작곡가의 노래가 누군가에겐 불쾌한 소음이 될 수도 있다는 얘기다. 한마디로 듣는 이의 기분에 영향을 받을 수 있다는 얘기다. 여기서 감정이란 주관적인 요소를 배제하고 이를 측정 장치를 통해 객관적으로 정량화하여 나타내는 것이 소음의 측정이다.

소리는 대기의 진동으로 발생한다. 이러한 대기의 진동은 어떠한 물체에 외력이 가해졌을 때 발생하는 진동에너지가 대기로 전달되면서 발생한다. 이렇게 발생된 소음이라는 현상을 측정하여 설비의 이상 징후를 감지하고 문제의 원인을 찾는 설비진단기법을 소음측정기법이라 한다. 이 방법은 아주 간단하면서도 유용한 진단 방법 중 한 가지다.

(2) 음파의 성질

① 음의 회절: 음의 파동이 장애물의 뒤쪽으로 돌아가는 현상이며 장애물 또는 구멍이 작을수록 회절 현상이 잘 일어난다.
② 음의 반사, 투과, 흡수: 음의 파동이 장애물에 부딪혀 반사, 투과, 흡수되는 현상이다.
③ 음의 간섭: 두 개 이상의 파동이 만나 중첩, 보강, 소멸되는 현상이다.
④ 음의 굴절: 음의 파동이 온도나 바람의 영향, 매질의 변화에 의해 방향이 바뀌는 현상이다.
⑤ 도플러(Doppler) 현상: 음원의 이동으로 인해 발생하는 현상으로 진행

방향의 반대쪽에선 저음, 진행 방향쪽으는 고음이 된다.

⑥ 호이겐스(Huyghens) 현상: 한 파면상의 모든 점이 파원이 되어 각각의 2차 구면파를 만드는 현상이다.

⑦ 마스킹(Masking) 현상: 크기가 다른 소리에서 작은 소리는 안 들리고, 큰 소리만 들리는 현상이다.

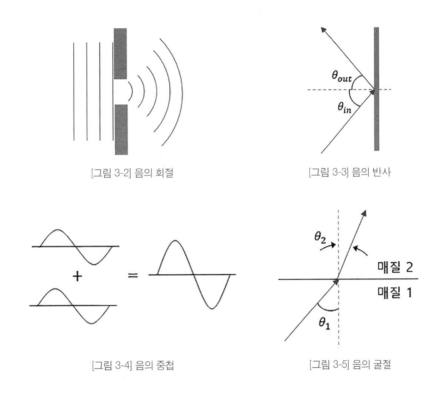

[그림 3-2] 음의 회절

[그림 3-3] 음의 반사

[그림 3-4] 음의 중첩

[그림 3-5] 음의 굴절

2) 소음과 관련된 용어

(1) 파장(λ)

연속하는 두 마루 사이의 거리이다.

(2) 주기(T)

한 파장이 이동하는 시간이며, 주기(T) = 1/f [sec]이다.

(3) 주파수(f)

단위 시간(1초)당 음파의 변동수(사이클)이며, 주기의 역수이다. 주파수(f) = 1/T[Hz]

(4) 가청주파수

인간이 들을 수 있는 소리의 주파수이며 보통 20Hz~20,000Hz 정도이다.

(5) 음압(P)

음에너지에 의해 매질에 가해지는 압력이다.

(6) 음색

음파의 시간적 변화에 따른 차이다.

주파수와 음압, 음색을 기타를 예로 들어 보자. 주파수는 기타의 높은 음과 낮은 음의 차이라 볼 수 있다. 또 음압은 기타줄을 얼마나 세게 당겼다 놓느냐의 차이로 볼 수 있다. 음색은 기타와 바이올린의 음을 들었을 때의 차이라 보면 이해하기 쉽다.

(7) 음의 속도(c)

1초 동안 음파가 이동하는 거리를 말하며, 음속(c) = $\sqrt{kP/\rho}$ [m/s]이다. 여기서 k는 비열비[Cp/Cv], P는 대기압[Pa], ρ는 공기의 밀도[kg/m^3]이다.

(8) 음의 세기

단위 면적을 단위 시간당 통과하는 음에너지의 양이며, 음의 세기(I)는 $P^2/\rho c$ [W/m^2]이다.

(9) 데시벨(deciBel)

소음의 크기를 나타내는 단위이며 $1dB = 10\log(P/P_0)$이다. 여기서 P는 일률이고, P_0는 기준 일률이다. 데시벨은 전화를 발명한 알렉산더 윌 그레이엄 벨(Alexander Graham Bell)의 이름을 따서 데시벨로 부르게 되었다.

(10) 음압 레벨(SPL)과 음의 세기 레벨(SIL)

음의 세기 레벨이며 SPL과 SIL의 관계는 다음과 같다.

$$
\begin{aligned}
SPL &= 20\log(P/P_0) \\
SIL &= 10\log(I/I_0) \\
&= 10\log(P^2/\rho c I_0) \\
&= 10\log(P^2/(4\times10^{-10})) \\
&= 10\log(P/(2\times10^{-5}))^2 \\
&= 20\log(P/P_0) \\
&= SPL
\end{aligned}
$$

여기서 고유 음향 임피던스 $\rho c \approx 400\,kg/m^2 s$이며, $I_0 = 10^{12}\,[W/m^2]$, 최저 가청 압력 $P_0 = 2\times10^{-5}\,[N/m^2]$이다.

(11) 소음 레벨[(SL)

청감보정회로를 통해 크기 레벨에 따라 A, B, C 등으로 나뉜다. 측정 음압 레벨은 A < B < C 의 크기로 구성되고, dB값 뒤에 특성 레벨을 붙여 dB(A), dB(B), dB(C) 등으로 나타낸다. SL=SPL+ 청감보정회로값 [dB]이다. 각 레벨의 특성은 다음과 같다.

① A: 인간의 귀에서 느껴지는 것과 유사한 생활 소음에 해당되는 특성이며, 현재 대부분의 소음 측정에 A레벨을 사용한다.
② B: A와 C의 중간 레벨이며, 잘 사용되지 않는다.
③ C: 자동차 경적과 같은 소리를 측정할 때 사용되며, 평탄한 주파수 특성으로 주파수 분석 시 사용이 가능하다.

(12) 청감보정회로

소음 측정 장치가 인간이 느끼는 청감과 유사하게 측정되도록 보정하는 하는 회로이다.

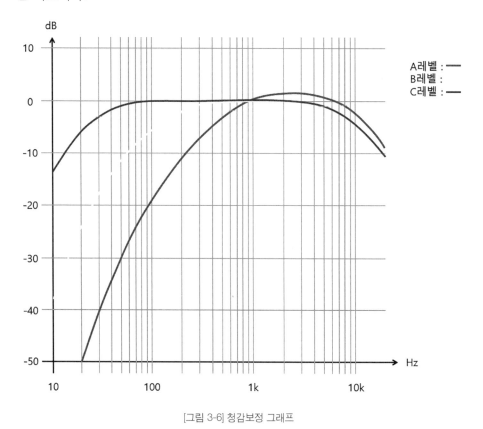

[그림 3-6] 청감보정 그래프

위의 청감보정 그래프를 보면 알 수 있듯이 A레벨과 C레벨의 값이 비슷한 경우에 고주파의 성분이 많고, A레벨 대비 C레벨의 값이 큰 경우에는 저주파의 성분이 많다고 유추할 수 있다. 예를 들어, 만약 10dB의 200Hz의 소음과 10dB의 1000Hz의 소음을 주파수 특성을 다르게 하여 각각 측정한다고 가정하자. 전자의 200Hz의 낮은 주파수의 소음을 A특성으로 측정하면 보정값 −10dB에 의해 측정값이 0dB이 될 것이다. 반면 C특성으로 측정하면 보정값 0dB로 인해 측정값이 10dB로 측정될 것이다. C특성값으로 측정했을 때가 A특성으로 측정했을 때보다 높게 측정된다. 이제 후자의 1000Hz의 높은 주파수를 A특성으로 측정하면 보정값 0dB에 의해 10dB이 측정될 것이고, C특성 역시 보정값이 0dB로 A특성과 동일하게 10dB이 측정이 될 것이다. 그러므로 A특성과 C특성으로 측정했을 때의 값이 유사하면 고주파, C특성값이 더 크게 측정되면 저주파 성분의 소음이라 볼 수 있다.

(13) 합성 소음(Lp)

아래 그림과 같이 두 개의 소음원(모터 ⓐ, 모터 ⓑ)에서 각각 다른 소음값 LP1과 LP2가 한 점에서 만난다고 가정해 보자.

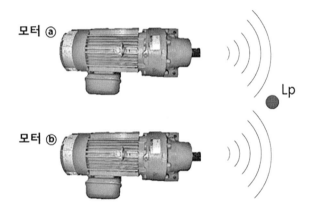

[그림 3-7] 모터 ⓐ, ⓑ의 합성 소음 예시

합성 소음 L_P는 아래와 같은 식을 따른다.

$$L_P = 10 \log \left(10^{\frac{L_{P1}}{10}} + 10^{\frac{L_{P2}}{10}} \right) \text{[dB]}$$

예를 들어, 모터 ⓐ와 ⓑ의 소음이 각각 78.2 dB(A), 73.5 dB(A)일 때, 위 공식에 대입하면 다음과 같다.

$$10 \log \left(10^{\frac{78.2}{10}} + 10^{\frac{73.5}{10}} \right)$$

합성 소음값 LP를 공학용 계산기로 계산하면 79.5 dB(A)가 된다.

3) 소음 측정 실습

소음 측정 기기의 메이커에 따라 조작 방식에 차이가 있을 수 있다. 본 교재에서 취급하는 사양(AR814, INTELLSAFE±)과 다를 경우, 해당 제품 메뉴얼을 참고하도록 한다.

(1) 소음 측정기 제원

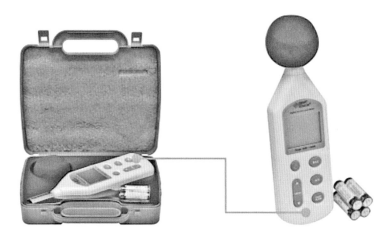

[그림 3-8] 소음 측정기(그림 출처: n-sys)

- 측정 범위: 30~130dBA, 35~130dBC
- 정확도: ±1.5dB
- 주파수 범위: 31.5Hz~8.5KHz
- Linearity range: 50dB
- Digital & Resolution: 5 Digit & 0.1dB
- Microphone: 1/2" electret condense microphone

(2) 소음 측정기 세부 설명

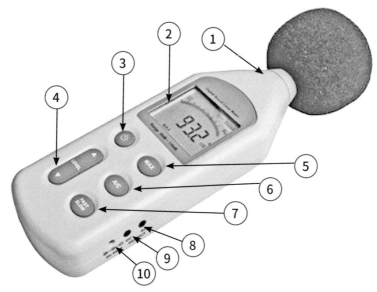

[그림 3-9] 소음 측정기 버튼(그림 출처: n-sys)

① 마이크로폰: 소음을 측정하는 센서

② 디스플레이(LCD): 측정값 및 설정값을 표시

③ 전원 스위치: 한번 누르면 전원이 켜지고 다시 한 번 누르면 꺼짐

④ LEVEL: 소음(dB) 측정값 범위를 상하로 조절

• Lavel 범위: 30-80dB, 50-100dB, 80-130dB, 30-130dB

　　　　　　　 측정 범위가 선택 사항(MAX, LEVEL 조정)보다 측정값이
　　　　　　　 넘어갈 경우 LCD 상단 좌측 "OVER" 표시
　　　　　　　 측정 범위가 선택 사항(MAX, LEVEL 조정)보다 측정값이
　　　　　　　 아래일 경우 LCD 상단 좌측 "UNDER" 표시

⑤ MAX: 한 번 누르면 최대 소음값이 고정되며 계속적으로 최대값이 측정

⑥ A/C: 주파수 특성 선택 스위치

• A특성: 환경 소음(고주파수 대역) 측정 시 사용

• C특성: 기계 소음(저주파수 대역) 측정 시 사용. 일반적으로 소음 측정은
주로 A특성을 선택해서 사용한다.

⑦ FAST/SLOW

▪ FAST: 125mS 간격으로 소음 측정

▪ SLOW: 1 Sec 간격으로 소음 측정

⑧ 외부 전원 단자: 외부 DC 6V 어댑터 사용

⑨ AC 출력: 0.707mV rms 출력 단자

⑩ DC 출력: 10mV/dB 출력 단자

⑪ 마이크로 폰 보호 커버(방풍 커버)

(3) 소음 측정기 동작

① 소음 측정기에 전원 스위치를 1회 누르면 디스플레이(이하 LCD로 함)에 화면이 켜지는지 확인한다.

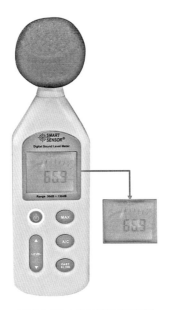

[그림 3-10] 소음 측정기 전원 ON

② FAST/SLOW 버튼을 이용하여 FAST 위치로 이동 후 LCD에 "FAST" 를 확인한다.

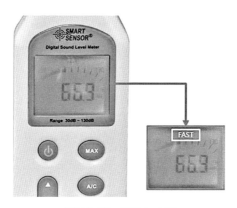

[그림 3-11] 'FAST' 선택

③ A/C 버튼을 이용하여 "A" 위치로 이동 후 LCD에 "A"를 확인한다. (환
경 소음 고주파수 대역) 측정

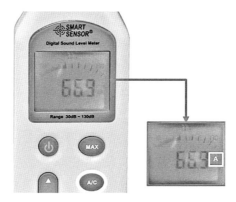

[그림 3-12] 'A 특성' 선택

④ LCD에 표시된 측정된 환경 소음에 가장 안정적인 값을 측정하도록 한다.

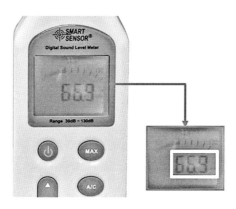

[그림 3-13] 소음 측정

⑤ 소음 측정 완료 시, 소음 측정기에 전원 스위치를 1회 누르고, LCD 화면이 꺼졌는지 확인한다.

[그림 3-14] 소음 측정기 전원 OFF

⑷ 소음 측정기 사용 시 주의 사항

① 주변 환경에 대한 고려

ⓐ 바람

바람은 실제 측정하고자 하는 소음과는 무관한 소음을 만드는데, 이를 방지하기 위해 마이크로폰 위에 방풍 커버를 사용하도록 한다.

ⓑ 습도

우천으로 인한 상대 습도가 90%에 이를지라도, 마이크로폰에 미치는 영향은 무시될 수 있다. 하지만 빗소리로 인한 소음은 무시될 수 없다. 그러므로 우천시에는 소음 측정을 가급적이면 피하되, 반드시 측정해야 한다면 방풍 커버를 씌우고 측정한다.

ⓒ 온도

　대부분의 측정기는 -10~50°C까지의 온도 범위에도 정상 작동한다. 하지만 갑작스러운 온도변화는 마이크로폰 내부에서 응결 현상을 일으킬 수도 있으므로 가급적이면 피하도록 한다.

② 측정기와 측정자

　기본적으로 소음원에서의 반사파에 대한 영향을 최소화하기 위해 소음 측정기에서 0.2~0.5m떨어져서 측정한다. 그리고 소음측정기는 장소에 따라 다음과 같이 소음원에서 이격하여 설치한다.

　측정 상황에 따른 측정기와 소음원의 거리를 아래와 같이 예를 들어 나타내었다.

ⓐ 건물 외부 소음 측정

　창문이나 벽에서 1 ~ 2m 떨어지고 높이 1.2 ~ 1.5m에서 측정

ⓑ 건물 내부 소음 측정

　벽에서 1m 정도 떨어지고 높이 1.2 ~ 1.5m에서 측정

ⓒ 공장의 외부 소음 측정

　부지 경계선에서 30m 떨어지고 지상 1.2m에서 측정

ⓓ 작업장의 내부 소음 측정

　작업자가 움직이는 몇 개의 위치에서 높이 1.2m에서 측정

ⓔ 기계 소음 측정

　기계에서 1m 떨어진 지점에서 측정

ⓕ 도로변 소음 측정

　도로가 아닌 곳의 경계에서 지상 1.2 ~ 1.5m에서 측정

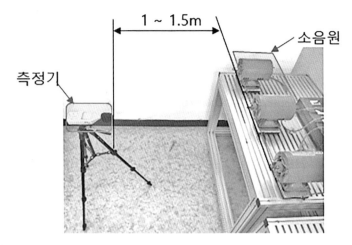

[그림 3-15] 실내에서의 기계소음 측정

3. 진동 측정

1) 진동의 개요

(1) 진동의 정의

진동이란 물체에 가해진 외력에 의해 발생된 운동에너지와 위치에너지가 변화하면서 발생되는 움직임이다. 쉽게 말해 시간의 흐름에 따라 반복해서 움직이는 현상이다. 일상생활에서 진동의 사례는 쉽게 찾을 수 있다. 자동차의 바퀴에서 올라오는 떨림, 용수철이나 고무줄을 당겼다 놓았을 때의 떨림, 비행기가 이륙할 때의 떨림 등이 있다. 또 인간이 느낄 수는 없지만 책상, 의자, 가전제품, 심지어 빌딩이나 건물 조차도 진동을 하고 있다. 진동의 개념은 앞서 배운 소음과 본질적으로 동일하다고 볼 수 있다. 다만 차이가 있다면 진동은 물체 내에서 발생하는 현상이고, 소음은 물체의 진동이 주변 대기로 전달되면서 발생하는 현상이라 볼 수 있다.

현악기가 진동을 해서 소리를 내듯이 적절한 진동은 이롭게 사용할 수 있다. 하지만 의도치 않게 발생하는 진동에 의해 수반되는 현상들은 우리에게 불쾌감이나 물질적인 피해를 동반할 수도 있다.

기계 장치에서 평소와 다른, 의도치 않은 진동이 발생했다면 문제가 생겼다는 신호로 해석될 수 있다. 이를 대수롭지 않게 여기고, 계속 방치하면 고장이 날 수 있고, 심할 경우에는 영영 못 쓸 수도 있다. 이에 따른 생산 손실과 예기치 못한 지출, 품질 불량, 안전 문제 등의 피해가 발생할 수도 있다. 그러므로 피해를 최소화하기 위해 진동을 주기적으로 감시하고 분석하는 활동이 필요하다.

(2) 진동의 분류

① 자유진동과 강제진동

- 자유진동: 물체에 외부 외력이 가해지고, 스스로 진동하면서 이전의 평형 상태로 돌아가기 위한 움직임이다.
- 강제진동: 물체에 외부 에너지가 반복적으로 가해져서 강제로 진동하는 상태이다.

② 감쇠진동과 비감쇠진동

- 감쇠진동: 물체가 진동하는 동안 진동을 방해하는 저항에 의해 진동 에너지가 감소하는 상태이다.
- 비감쇠진동: 감쇠진동과 달리 진동을 방해하는 저항이 없는 경우의 상태이다.

③ 선형진동과 비선형진동

- 선형진동: 진동과 관련된 수식들이 비례식(선형)으로 해석될 수 있는 상태이다.
- 비선형진동: 진동과 관련된 수식들이 비례식(선형)으로 해석되지 않는 상태이다. 우리 일상생활의 진동들은 대부분 비선형진동이다.

④ 규칙진동과 불규칙진동

- 규칙진동: 진동의 주기와 변위 등이 규칙적인 운동을 하는 상태이다.
- 불규칙진동: 규칙진동과 반대로 불규칙적인 운동을 하는 상태이다.

2) 진동과 관련된 용어

(1) 주파수(f)

단위 시간 동안 물체에 가해진 진동(회전)의 수이다. 주기(T)의 역수이며 주파수가 커지면 물체의 진동은 주기는 더욱 빨라 진다. 단위는 Hz이다.

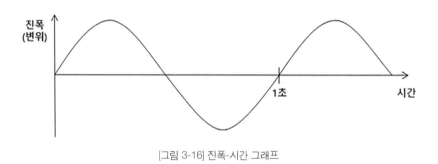

[그림 3-16] 진폭-시간 그래프

위의 시간에 따른 진폭의 변화를 나타낸 그래프에서 파형이 산을 그리다가 골을 그리면서 다시 원점으로 돌아왔을 때, 1초라는 시간이 걸렸다면 이 그래 프의 주파수는 1Hz이다.

다른 예를 들어, 팬이 1초에 5번 회전한다고 가정하자. 그러면 단위 시간인 1초 동안 5사이클이 완료가 되었으므로 5Hz로 나타낼 수 있다. 또 이 헤르츠 라는 값에 60을 곱하면 분당 회전수가 나온다. 그리하여 이 팬의 분당 회전수 는 300rpm이다. 다시 말해, 팬의 회전 속도는 5Hz 또는 300rpm이다. 만약 이때 팬의 속도가 10배로 빨라지면 주파수 역시 10배로 커지게 된다.

(2) 주기(T)

한 파장이 이동하는 시간이며, 주기(T)=1/f [sec]이다. 단위는 [s]second, [ms]msec등으로 나타낸다. 여기서 1 millisecond는 1,000분의 1초, 즉 0.001s와 같다.

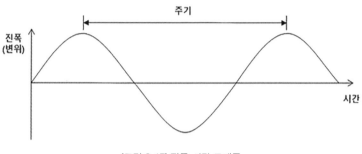

[그림 3-17] 진폭-시간 그래프

위의 시간에 따른 진폭 변화를 나타낸 그래프에서 산에서 다음 산까지 갈 때까지 걸리는 시간이 1초였다면 주기는 1s이다.

예를 들어, 팬이 1초에 5번 회전한다고 가정하자. 앞서 주파수에서 배운 것과 같이 1초당 5사이클을 움직였으므로 5Hz라고 나타낼 수 있다. 주기와 주파수는 역수의 관계이므로 주파수 f, 즉 5를 역수로 취하면 5분의 1이 되며, 이를 계산하면 0.2s라는 값이 나온다. 또 0.2 s는 200ms로도 나타낼 수 있다.

(3) 진폭

진동의 크기이다. 진폭이 클수록 물체에 가해지는 외력이 커진다. 진폭의 단위는 회전 속도에 따라 변위[mm], 속도[mm/s], 가속도[mm/s]로 표현할 수 있다.

- 변위[mm]: 600 rpm 이하 저속, 저주파수
- 속도[mm/s]: 1,000~10,000 rpm
- 가속도[mm/s]: 10,000rpm 이상 고속, 고주파수

① 진동의 크기 표현 방법

진폭은 변위, 속도, 가속도의 '주단위'에 더하여 '부가적인' 표현을 해주는 것이 좋다. 일반적으로 진동의 거동을 표현할 때 최고값(Peak)으로 진폭을 표현하지 않고, 실효치(Root Mean Square)로 표현하곤 한다. 이유는 속도나 가속도의 경우에 그래프의 면적이 에너지와 관련이 더 깊고, 에너지가 힘의 최고치보다 파손에 더 깊이 관련이 있다는 공학적 해석과 ISO 기준으로 정해져 있기 때문이다.

진동의 크기를 표현하는 방법은 아래와 같다.

ⓐ 편진폭(Peak): 최대 진폭의 절대값이다.

ⓑ 양진폭(Peak to peak): 양(+)의 최대 진폭과 음(-)의 최대 진폭의 합이다. 정현파의 경우 편진폭의 2배이다.

ⓒ 평균값: 진동량의 평균값이다. 정현파의 경우 피크값의 $2/\pi$배이다.

ⓓ 실효값(RMS, Root Mean Square): 진동의 에너지를 표현값으로 피크값의 $1/\sqrt{2}$배이다.

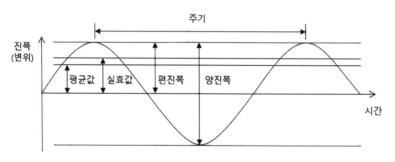

[그림 3-18] 정현파의 진폭-시간 그래프

(4) 회전수

단위 시간당 1회전을 완료한 횟수이다. 주로 rpm(revolution per minute)이라는 단위를 쓰며, 1분 동안 물체가 회전한 수이다. 회전수는 주파수에 60(시간 단위를 초에서 분으로 바꾸기 위해)의 곱으로도 표현할 수 있다.

3) 진동 측정 센서

(1) 센서

진동을 전기적인 신호로 변환하기 위해서 센서를 사용하는데, 센서란 특정 신호(진동)를 전기적 신호로 변환하기 위한 장치다. 다양한 종류의 설비와 각기 다른 운전 속도, 외부 조건 등으로 인해 특정 센서 하나만 선택하여 분석하기엔 신빙성이 떨어진다. 그래서 센서의 종류는 아주 다양하며, 그중에서도 일반적으로 가장 많이 쓰는 진동 측정 센서로는 변위 센서, 속도 센서, 가속도 센서가 있다.

센서 종류	특징
변위 센서	정전 용량형, 와전류형, 전자 광학식 센서 등 축의 휨 정도 등의 변위 측정 시 사용 1,000RPM 이하의 저속 기계 장치 및 저주파수 분석에 사용
속도 센서	전자기 유도법칙을 이용한 동전형 센서 1,000~10,000RPM 정도의 중속 기계 장치 분석에 사용
가속도 센서	가속도계라고도 하며 압전형, 스트레인게이지형, ICP 센서 등 10,000RPM 의 고속, 고주파수 분석에 사용

[표 3-1] 센서의 종류와 특징

(2) 가속도 센서

가속도 센서는 베어링이나 기어 등의 진동을 감시 및 측정하는 대표적인 센서 중 하나이다. 단위는 중력 가속도[g] 또는 mm/s^2를 사용한다. 가속도 센서에는 여러 가지 종류가 있는데, 가장 보편화된 센서가 압전형과 IPC가 있다. 여기서 IPC란 '고주파 유도 결합 플라즈마'를 뜻한다. 압전형 센서는 센서가 측정 대상에 부착되면 시스템에 의한 진동으로 내부에 압전소자(어떤 압력을 받으면 외력에 비례하는 전하가 발생하는 소자)가 관성력에 의해 압축된다. 이때 발생하는 신호로 진동을 측정한다.

(3) 3축 가속도계

기본적인 센서는 하나의 축 방향으로만 측정된다. 3축 가속도계는 3개의 가속도계로 구성되어 있다. 쉽게 말해 3개의 센서를 각기 다른 축 방향으로 합친 센서이다. 특징은 다른 가속계와 같이 일반적으로 베어링의 하우징 위에 고정한다. 이때 센서 상단에 보면 x, y, z축에 대한 방향이 표시되어 있는데, 이 방향을 잘 보고 설비에 고정해야 한다. 또 3축 가속도계는 어떠한 고정 장치를 필요로 하며, 한 번에 3축에 관한 데이터를 획득한다.

4) 진동 분석

(1) 주파수 분석

주파수 분석을 통해 기계 상태에 대한 많은 정보를 얻을 수 있다. 스펙트럼 분석은 일반적으로 사용되는 분석 기법이며, 이를 통해 패턴을 이용한 결함의 특성을 알 수 있고, 진폭을 통해서 결함의 심각성을 알 수 있다.

(2) 스펙트럼(Spectrum)

합성 진동의 파형은 아주 복잡하여 전문가조차도 분석하기란 쉽지 않다. '고속 퓨리에 변환(FFT, Fast Fourier Transform)'을 이용하면 물체에 발생하는 합성 진동의 시간 파형을 해당 주파수에 발생되는 진폭의 그래프 형태로 알아보기 쉽게 나타낼 수 있다. 변화를 인지하고, 결함을 진단하기 위해 스펙트럼 비교가 용이한 그래프를 사용하는 것이 좋다.

[그림 3-19] 고속 퓨리에 변환 과정

(3) 차수(Orders)

진동이 발생할 때 회전 속도에 해당되는 주파수이다. 1X, 2X, 3X, 4X … nX로 표시되며, 진동이 발생되는 요소의 수에 따라 n값이 결정된다.

예를 들어, 아래 그림처럼 6개의 날개가 달린 팬의 경우에 모터의 축에 발생하는 진동 주파수에 대한 차수를 1X라 할 때, 팬에 발생하는 진동 주파수의 차수는 6X이다.

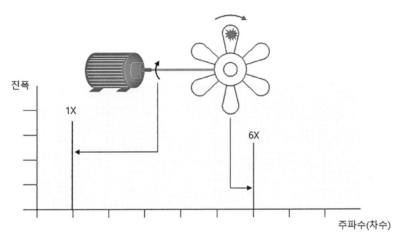

[그림 3-20] 모터&팬의 진폭-주파수(차수) 그래프

쉽게 설명하자면 모터축의 진동 주파수 성분 1X는 모터의 회전 속도에 해당한다. 모터가 1회전 할 때, 1번 진동을 일으킨다고 가정하면, 팬의 날개는 6개이므로 6번 진동한다. 그러므로 모터의 차수에 비례하는 6X라는 성분이 나온다. 만약 여기서 모터 축에 해당하는 1X 성분의 주파수가 20Hz라면 팬에 해당되는 6X 성분의 주파수 값은 120Hz가 나온다. 또 모터의 분당 회전 속도(rpm)는 1X 성분에 60을 곱한 값, 즉 1,200rpm이라는 회전 속도를 가진다.

(4) 스펙트럼 분석 순서 및 주의 사항

① 가속도계의 3축과 측정 대상의 3축이 일치하는지 확인한다. 각 그래프가 나타내는 성분들의 방향이 수평인지, 수직인지, 축방향인지를 먼저 확인한다.

② 가능한 그래프 각 축의 스케일, 즉 범위를 일치시켜 비교해 보기 쉽게 한다.

③ 1X의 성분을 찾는다. 진동과 속도의 관계는 굉장히 밀접하다. 운전 속도가 빨라지면 그만큼 진동의 주기가 짧아지고, 기계 장치에 가해지는 데미지는 빠르게 누적되어 수명이 단축될 것이다. 운전 속도는 주파수에 의해 결정이 되는데, 원동기 축에 해당하는 1X의 성분을 찾는 것이 중요하다.

④ 3축 그래프 각각의 성분과 해당 주파수를 확인하고, 주요 성분들이 발생하는 방향이 수직 방향인지, 또 축방향인지를 확인해야 한다.

⑤ 기존에 측정되었던 정상 상태의 그래프나 시스템 내에 허용되는 진동의 크기를 확인하여 측정된 데이터와 비교하여 분석한다.

⑥ 분석된 데이터를 통해 결함의 정도를 파악하고, 보수가 필요하다면 우선순위를 정해 그 일정을 수립해야 한다.

(5) 스펙트럼 상태 비교

① 동기(Synchronous) 상태

운전 속도(1X)의 정수 배(2X, 5X, 8X … 등)로, 여기서 동기란 시간에 대한 관계가 일치한다는 뜻이다. 발생 원인으로는 질량 불평형, 축 정렬 불량, 축 휨, 헐거움, 왕복 운동, 편심 등이 있다.

② 비동기(Non-Synchronous) 상태

운전 속도(1X)의 정수배가 아닌(3.1X, 5.65X … 등) 상태로 이러한 것들은 베어링의 손상, 계의 공진, 공동 현상, 전기적 문제, 표면의 슬립 등의 원인이 있다.

5) 결함 분석

(1) 공진

모든 물체는 고유 주파수를 가진다. 예를 들어, 공장 내의 모든 구조물이나 기계에는 고유 주파수가 존재한다. 이때 외력에 의한 진동 주파수가 고유 주파수에 근접하면 증폭 현상이 발생한다. 이 증폭 현상이 공진이다.

또한 공진은 진동이 급격히 증가하며, 응력 또한 급격히 증가한다. 공진의 경우에 진동 레벨이 30배, 응력은 100배까지도 증가될 수 있다. 그리하여 스펙트럼 분석 시 피크값이 월등하게 높게 나타날 수 있어, 결함을 자칫 잘못 진단할 수도 있다.

사람들로 하여금 진동공학에 대한 관심을 가지게 하고, 진동에 대한 기술력을 지금의 수준까지 올릴 수 있었던 계기가 있었다. 바로 '타코마 다리'의 붕괴이다. 1940년, 당시 세계에서 세 번째로 길었던 현수교인 미국의 타코마 다리가 붕괴되는 사고가 발생했다. 사고 조사 결과에 의하면 타코마 다리의 붕괴 원인은 공진이었다. 사고 당시 바람은 시속 70km로, 세기로만 봤을 때 시속 190km에도 버틸 수 있게 설계된 타코마 다리는 전혀 문제없는 수준이었다. 하지만 바람이 타코마 다리에 부딪히며 진동을 일으켰고, 이 진동이 다리의 고유 주파수와 근접해지면서 공진 현상으로 붕괴된 것이다.

[그림 3-21] 타코마 다리의 붕괴

그렇다면 이번엔 공진이 일상생활에 이롭게 사용되는 예를 들어보도록 하자. 먼저 현악기의 현은 공진을 일으키며 소리를 만든다. 또 기지국에서 나오는 주파수를 시청자가 라디오의 주파수와 맞춰 방송을 듣는다. 이밖에도 물의 고유주파수를 이용한 전자레인지. 병원에서 사용하는 MRI 또한 공진을 이용한 예이다.

(2) 질량 불평형

불평형이란, 모든 물체에는 반드시 존재하며 진동의 원인이 된다. 불평형의 정도나 크기에 따라 회전체에 발생하는 진동의 크기가 정해지며, 이러한 진동의 크기는 설비의 상태를 진단할 수 있는 근거가 된다.

질량 불평형 상태는 축의 기하학적 중심선과 질량의 중심선이 일치하지 않은 경우를 말한다. 질량 불평형이 중요한 이유는 예를 들어, 질량 불평형으로 인하여 베어링에 응력이 가해지고, 공진을 가진시켜 시스템 내의 결합력에 악영향을 미친다. 그러므로 고속 기계에서는 질량 불평형이 대단히 중요하다. 질량 불평형의 발생 원인으로서는 제조상 결함과 손상된 부품이 질량 불평형을 발생시키는 여러 원인 중 가장 크며, 그 밖에도 전부품의 이탈, 축의 휨, 가공의 실수, 회전자의 부식과 침식 등이 있다.

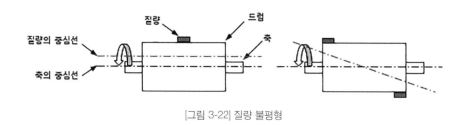

[그림 3-22] 질량 불평형

① 질량 불평형의 스펙트럼 분석

질량 불평형의 경우, 다음 그림과 같이 수평 또는 수직 1X 피크값이 상당히 높은 것을 알 수 있다.

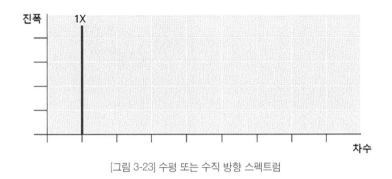

[그림 3-23] 수평 또는 수직 방향 스펙트럼

물론 다른 차수의 성분들이 나올 수도 있다. 하지만 이론적으로 질량 불평형 상태는 축의 성분보다 수평 또는 수직 방향의 성분이 확연히 크게 나타난다. 여기서 수평 방향의 성분이 클지, 수직 방향의 성분이 클지는 측정 데이터를 통해 분석 가능하다.

(3) 축 오정렬 상태

회전 기계가 정상 조건에서 운전되고 있을 때 회전하는 두 축의 중심선이 동일 직선상에 있지 않은 경우를 말한다. 축 정렬이 중요한 이유는 축 정렬 불량은 베어링, 실, 커플링, 축 등을 손상시켜 장비의 수명이 단축되기 때문이다. 그러므로 축의 정렬 작업은 매우 중요한 작업이다. 축 오정렬은 크게 축의 편각과 축의 편심으로 발생된다.

① 축의 편각 스펙 트럼 분석

아래 그림과 같이 모터 축의 중심선과 드럼 축의 중심선의 각도가 맞지 않는 상태이다.

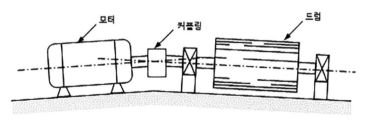

[그림 3-24] 축의 편각

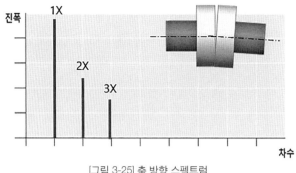

[그림 3-25] 축 방향 스펙트럼

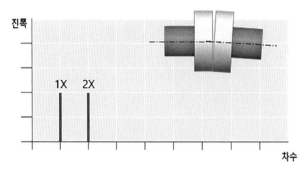

[그림 3-26] 수평 또는 수직 방향 스펙트럼

위 두 개의 그래프는 축의 편각으로 인한 불평형 상태의 스펙트럼이다. 축 방향 스펙트럼에서 볼 수 있듯이 축 방향으로 1X 성분이 크게 나타난다. 축 방향 진동에는 미치지 못하지만 수평 또는 수직 방향으로도 1X, 2X 성분이 뚜렷하게 보인다.

② 축의 편심 스펙트럼 분석

아래 그림과 같이 모터 축의 중심선과 드럼 축의 중심선이 평행하지만 만나지 않는 상태이다.

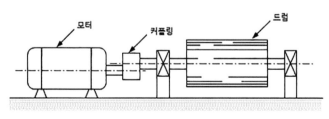

[그림 3-27] 축의 편심

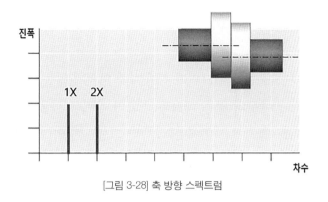
[그림 3-28] 축 방향 스펙트럼

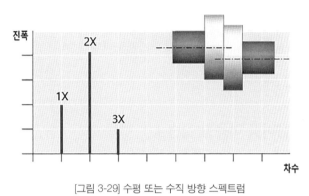
[그림 3-29] 수평 또는 수직 방향 스펙트럼

　위 두 개의 그래프는 축의 편심으로 인한 불평형 상태의 스펙트럼이다. 이 때 축이 연결된 커플링에서 전단력과 굽힘 모멘트가 크게 발생한다. 편각 축 불량과는 다르게 오른쪽에 수직 또는 수평 방향 스펙트럼의 성분이 가장 크게 나타난다. 수평 또는 수직 방향의 2X 성분이 가장 크지만 1X 성분이 가장 클 경우도 있다. 축 방향의 1X, 2X 성분 역시 수평/수직 방향에는 미치지 못하지만 성분이 뚜렷하게 보이는 것을 알 수 있다.

　지금까지 배운 불평형 상태는 아주 이상적인 경우의 스펙트럼을 분석한 결과이다. 실제 불평형은 질량 불평형이든, 축오정렬이든 한 가지만 뚜렷하게 나오는 경우는 거의 없다. 하지만 각 상태별 주요 성분들을 분석해봄으로써 실전에서 발생하는 불평형을 어느 정도는 유추해 볼 수 있는 기본적인 지식을 습득하는 과정이라 생각하면 된다.

(4) 정상 상태

설비에서 나타나는 진동의 크기가 허용치에 미치지 않는 경우이며 주요 성분은 없다. 하지만 아무리 좋은 재료와 최고의 설비를 사용해서 축(Shaft)를 가공한다 하더라도 불평형은 존재한다. 다만 그 불평형의 크기가 미소하여 느끼지 못할 뿐이다.

정상 상태란, 설비에서 나타나는 진동의 크기가 허용치에 미치지 않는 경우이며, 주요 성분이 없는 상태이다. 여기서 허용치는 일반적인 표준 규격을 따를 수도 있고, 설계자나 관리자가 정해 놓은 시스템의 불량 정도에 대한 규격을 말한다.

6) 진동 측정 장비를 이용한 실습 I

소음 측정기와 마찬가지로 측정기기의 메이커에 따라 조작 방식에 차이가 있을 수 있다. 이번 장에서 취급하는 사양(측정기: NI±, 분석기: n6035, n-sys±)과 다를 경우 제품 메뉴얼을 참고하도록 한다.

(1) n-sys 진동 시뮬레이터

기계분야, 설계분야, 건설분야, 생활, 교통기관에서 발생하는 진동을 가상으로 발생하여 계측기기를 통한 측정, 분석, 평가 등을 하기 위한 실습 장비이다. 진동 측정 방법에 관한 실습이 가능하다. 강체 거동, 1자유도, 다자유도계 등에 관한 진동 현상에 대한 실험 실습이 가능하다.

구조는 크게 진동 센서(가속도 센서), 진동 측정기, 진동 분석기나뉘고, 아래와 같이 세부 구성으로 나뉜다.

① NI cDAQ

[그림 3-30] 베이스 4-Slot cDAQ-9185 (그림 출처: NI)

ⓐ 4슬롯, 이더넷 CompactDAQ

ⓑ 포트수: 2포트, 내부 스위치

ⓒ 네트워크 인터페이스

• 1000 Base-TX, 전이중; 1000 Base-TX, 반이중; 100 Base-TX, 전이중; 100 Base-TX, 반이중; 10 Base-T, 전이중; 10 Base-T, 반이중

• 통신 속도: 10/100/1000 Mbps, 자동 협상

• 최대 케이블 연결 거리: 100m

• 네트워크 동기화 정확도: $1\mu s$ 미만

[그림 3-31] 24Bit 4CH 아날로그 입력 모듈(NI-9234) (그림 출처: NI)

ⓐ 채널 개수: 4개 아날로그 입력 채널

ⓑ ADC 분해능: 24비트

ⓒ ADC 타입: 델타-시그마(아날로그 1차 필터링(prefitering)

ⓓ 샘플링 모드: 동시(simultaneous)

ⓔ 내부 마스터 타임 베이스

　▪ 주파수: 13.1072 MHz

　▪ 정확도: 최대 ±50ppm

ⓕ 입력 커플링: AC/DC(소프트웨어에서 선택 가능)

ⓖ AC 컷오프 주파수

　▪ -3 dB: 보통 0.5 Hz

　▪ -0.1 dB: 최대 4.6 Hz

② 진동 시뮬레이터

[그림 3-32] OP 판넬(조작 스위치)

▪ S1, S2, S3, S4: 인버터 주파수 조작

▪ S5, S6, S7, S8: 예비용 스위치

[그림 3-33] 인버터

- 적용 모터 용량: 0.75KW
- 입력 전압: 단상 200V ~ 240V
- 노이즈 필터: 3상 노이즈 전용 필터

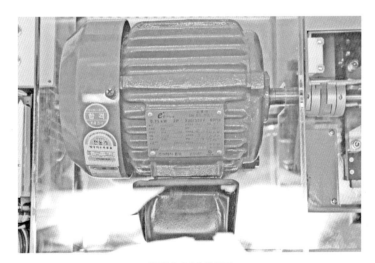

[그림 3-34] 3상 모터

- 1마력
- 회전체 커플링

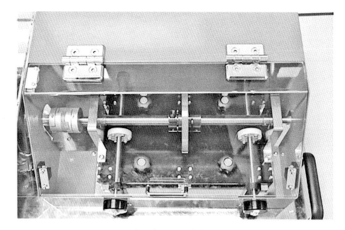

[그림 3-35] 회전판

- 회전판 이동 다이얼 레버
- 베이스판 고정 레버

③ Vibrational Accelerometer (진동 가속도계)

[그림 3-36] 3축 진동 가속도계 (그림 출처: n-sys)

- Sensitivity (±20 %): 100mV/g
- Measurement Range: ±50g
- Frequency Range (±3 dB): 30 to 300000 cpm
- Resonant Frequency: 600 kcpm
- Non-Linearity: ±1 %

④ Software Program

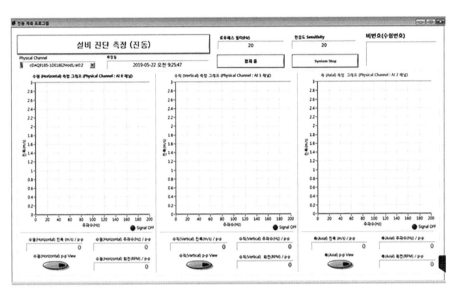

[그림 3-37] Software Program

- 광범위한 신호 프로세싱, 분석 및 수학 기능
- 진동/소음 장비 측정 그래프 분석 및 조정
- Academic Standard Suite LabVIEW Professional Development System
- OS: windows XP 이상

⑤ Interface Option 1

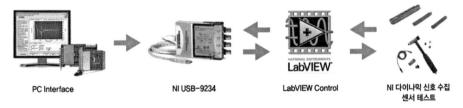

[그림 3-38] NI USB-9234 (그림 출처: n-sys)

- 4-CH, ±5V, 51.2kS/s per Channel, 24-Bit IEPE
- 24비트 분해능, 102 dB 동적 범위, 앨리어스 제거 필터

- 소프트웨어 선택 가능한 AC/DC 커플링, AC 커플링(0.5Hz)
- 소프트웨어 선택 가능한 IEPE 신호 커디셔닝 (0 or 2mA)
- 스마트 TEDS 센서 호환
- 채널당 최고 51.2 kS/s 샘플링 속도, ±5V 입력

⑥ Interface Option 2

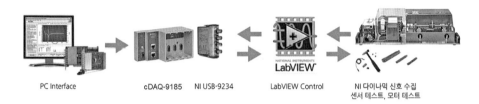

PC Interface   cDAQ-9185   NI USB-9234   LabVIEW Control   NI 다이나믹 신호 수집
센서 테스트, 모터 테스트

[그림 3-39] NI cDAQ-9185 (그림 출처: n-sys)

- 4-CH, ±5V, 51.2kS/s per Channel, 24-Bit IEPE
- 디지털 모듈을 통해 섀시에 내장된 4개의 범용 32비트 카운터 및 타이머 접근
- 아날로그, 디지털, 카운터/타이머 채널에서 하드웨어에 의한 7개 작업을 동시 실행
- NI Signal Streaming 기술로 연속 웨이브폼 측정 스트리밍
- NI DAQmx 측정, DAQ 어시스턴트로 자동 코드 생성

(2) 진동 측정 프로그램 설치(NI max 설치)

아래 그림과 같이 'ni-daqmx_19.0_online' 실행 파일을 더블 클릭한다.(NI max 버전업 프로그램은 NI 공식사이트에서 다운받아 사용)

ni-daqmx_19.0_o
nline

[그림 3-40] NI max 실행 파일

아래 그림과 같이 '라이센스 협약에 동의합니다'를 클릭 후 다음을 클릭한다.

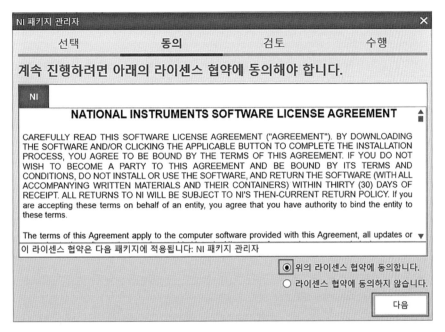

[그림 3-41] 라이센스 동의

아래 그림과 같이 'Windows 빠른 시작 비활성화'를 클릭하고 다음을 클릭한다.

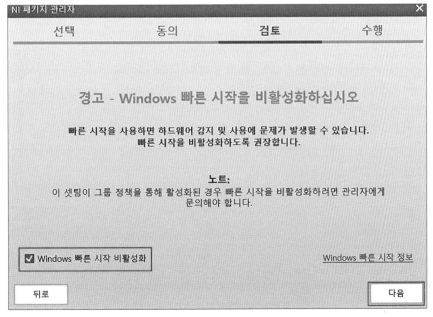

[그림 3-42] 'Windows 빠른 시작 비활성화'를 클릭

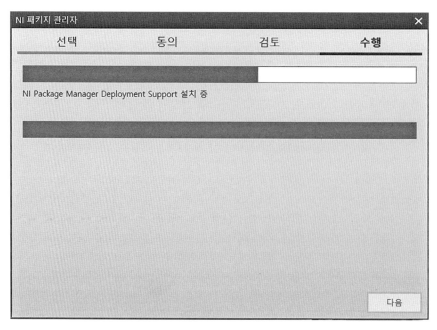

[그림 3-43] 패키지 관리자 설치 중

다음 아래와 같은 화면이 뜨면 모두 선택 클릭 후 다음을 클릭한다. 이후 라이센스에 모두 동의 후 다음을 계속 클릭한다.

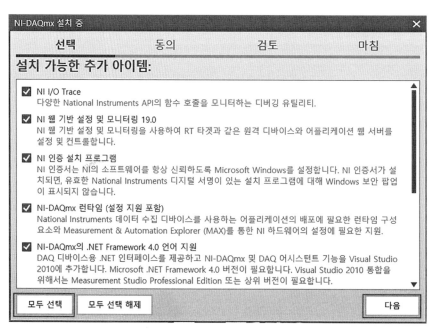

[그림 3-44] 설치 가능한 추가 아이템 선택

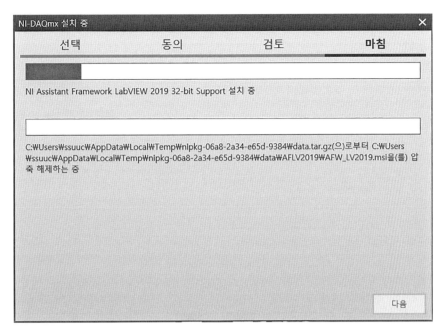

[그림 3-45] 설치 화면

설치가 완료되면 아래와 같은 메시지 팝업이 뜨면 '예'를 클릭한다.

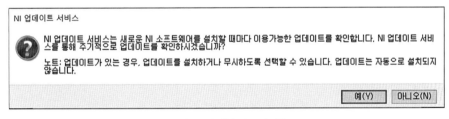

[그림 3-46] 설치 완료 팝업창

사용자 환경 개선 프로그램창이 뜨면 '아니오'를 클릭하고, 확인 버튼을 클릭한다.

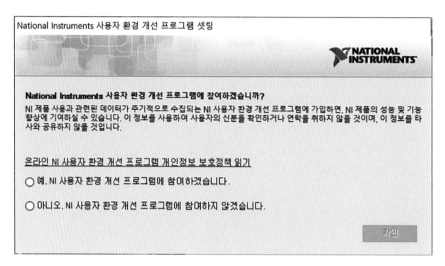

[그림 3-47] 사용자 환경 개선 프로그램창

모든 설치가 완료되면 재부팅 실행창이 뜬다, '재부팅' 버튼을 클릭한다.

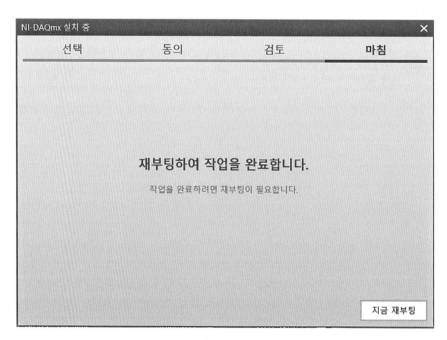

[그림 3-48] 재부팅 실행 창

(3) Viberation Measure Program 설치

NI max 설치 이후에 'Viberation Measure Program' 설치를 진행한다.
n-sys±에서 제공된 CD 혹은 설치 파일 USB에 있는 Setup → Volume
→ install 파일을 실행한다.

[그림 3-49] 인스톨 파일

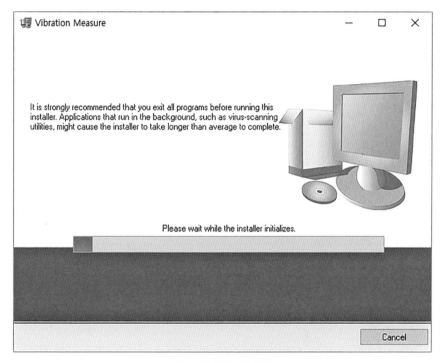

[그림 3-50] 프로그램 설치 중

프로그램 설치 과정은 자동이므로 화면이 변경될 때마다 'Next' 버튼을 클릭한다.

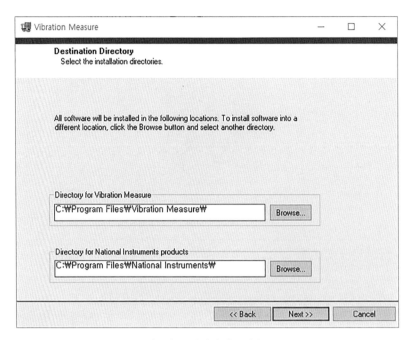

[그림 3-51] 설치 경로 설정

설치가 완료되면 Restart를 클릭하여 컴퓨터 재부팅을 실행하고, 아래와 같은 경로에서 프로그램 바로가기를 설정한다. 설치 경로는 'C:\Program Files\Vibration Measure' 또는 'C:\Program Files(x86)\Vibration Measure' 이다.

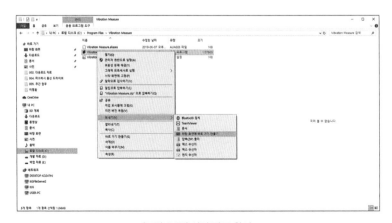

[그림 3-52] 설치 경로 확인

(4) Software 실행 - EtherNET 연결 확인

cDAQ-9185는 기본 EtherNET 기반을 지원한다. PC에 Lan Port를 연결하여 확인을 진행하도록 한다. 인터넷이 접속되어 있는 상태에서 진행한다.

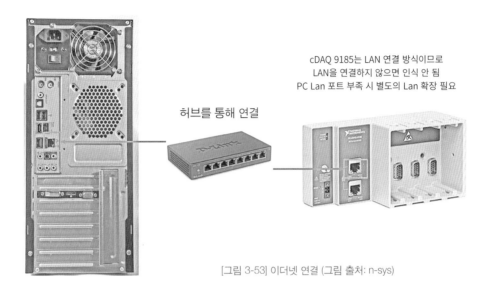

[그림 3-53] 이더넷 연결 (그림 출처: n-sys)

아래 그림처럼 네트워크 환경 설정에서 이더넷 우측 클릭 → 속성을 클릭한다.

[그림 3-54] 네트워크 환경 설정

다음 그림과 같이 이더넷 속성창에서 TCP/IPv4를 더블 클릭하고, 기존 IP 주소를 기록한다.

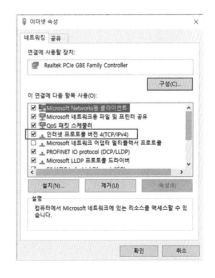

[그림 3-54] 이더넷 속성

IP 주소 기록 이후 자동으로 IP 주소 받기를 클릭하고 확인을 클릭한다.

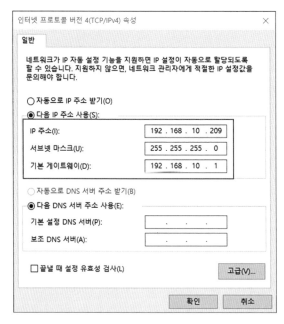

[그림 3-55] IP 주소 입력

이제 NI MAX에서 연결 상태를 확인한다. NI MAX는 19.0 버전 이상이 되어야 cDAQ-9185를 사용할 수 있으므로 반드시 NI MAX의 버전을 확인하여 19.0 버전 이하일 경우에는 NI MAX 버전을 업데이트한 후에 사용하도록 한다. 초기 프로그램 실행 이후 검색되어있는 네트워크 디바이스를 모두 삭제한 후 진행한다.

아래 그림과 같이 NI MAX 바로 가기를 더블 클릭하여 프로그램을 실행하면 네트워크 디바이스 창이 뜬다. 여기서 왼쪽 트리에서 '네트워크 디바이스' 메뉴를 마우스 우클릭하고, '네트워크 NI-DAQmx 디바이스 찾기'를 클릭한다.

[그림 3-56] NI MAX 바로가기 및 네트워크 디바이스 검색

NI MAX에서 정상적으로 검색이 되면 아래와 같이 검색된 cDAQ-9185가 검색된다.

검색이 완료되면 '호스트 이름'에 체크 박스를 클릭한 후 '선택한 디바이스 추가' 버튼을 클릭한다. (만약 아래와 같이 검색이 안되면 PC에 IP 주소 → 자동, NI MAX 19.0 버전 이상인지 확인한다. NI MAX를 재실행해 준다.)

사용할 디바이스를 모두 선택한 후 추가 버튼을 클릭한다. 성공적으로 검색된 cDAQ-9185을 볼 수 있다.

[그림 3-57] 디바이스 검색 완료

정상적으로 디바이스를 추가하게 되면 아래와 같이 NI MAX에서 디바이스 추가를 진행한다.

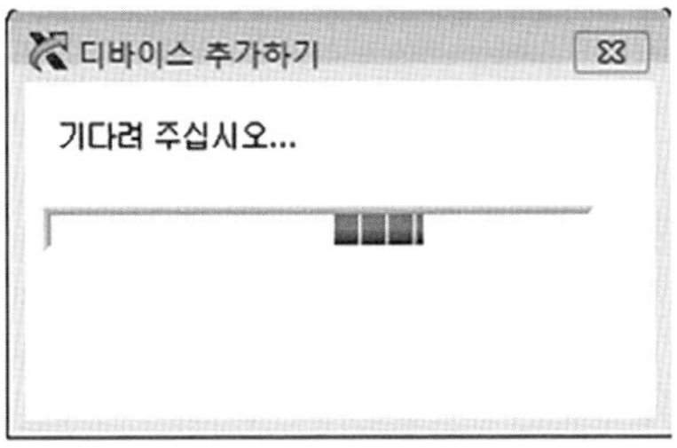

[그림 3-58] 디바이스 추가 중

디바이스 추가가 완료되면 cDAQ-9185, NI 9234 디바이스가 자동으로 등록되며 하단에 '셋팅' 탭을 확인하면 '상태: 연결됨 - 실행 중'으로 메시지가 표시된다.

[그림 3-59] 디바이스 셋팅 창

아래 그림과 같이 네트워크 셋팅 탭을 클릭하여 IPv4 주소 설정을 정적으로 변경해 준다.

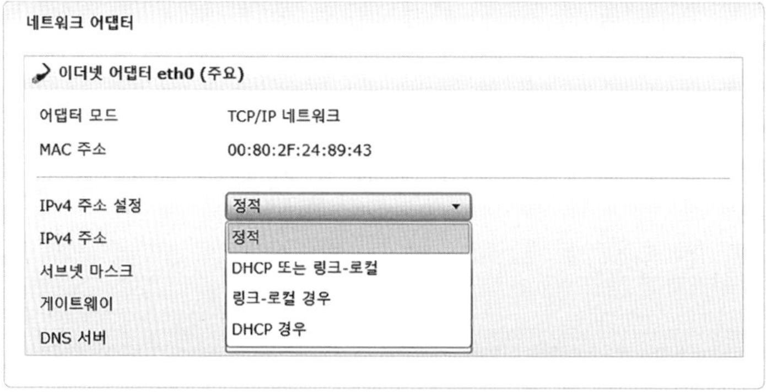

[그림 3-60] 네트워크 셋팅 창

IPv4 주소, 서브넷 마스크, 게이트웨이를 변경해 준다. (IPv4 주소는 장비 아래에 별도로 부착되어 있다. 서브넷마스크과 게이트웨이를 일치하도록 입력한다.)

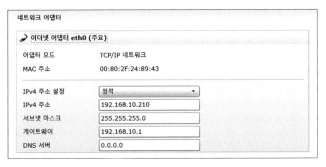

[그림 3-61] 장비 IP 주소 입력

아래 그림과 같이 상단의 저장 버튼을 클릭후 NI cDAq 프로그램을 종료한다.

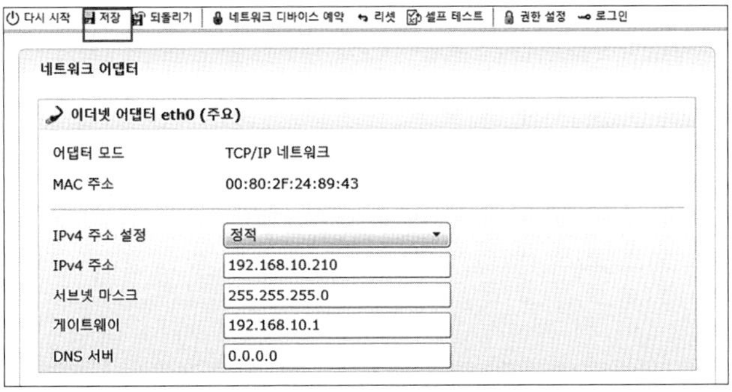

[그림 3-62] 저장 후 종료

네트워크 환경설정에서 이더넷을 마우스 우클릭하고, 속성을 클릭한다. 그런 다음, 속성에서 TCP/IPv4를 더블 클릭한다.

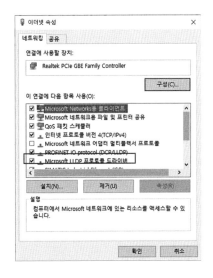

[그림 3-63] 이더넷 속성 창

다음 IP 주소 사용을 클릭한 후, 기존의 IP를 입력해 준다.

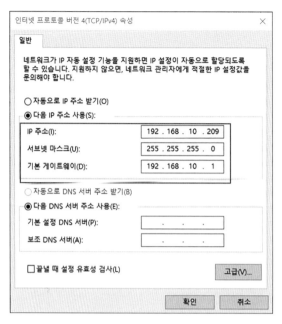

[그림 3-64] IP 주소 입력

아래 그림과 같이 디바이스 셋팅창에 '다른 호스트에 의해 예약되어 있다'는 메시지가 뜨는 경우에는 상단의 네트워크 디바이스 예약을 클릭한다.

실습 진행 시, 필요한 장비만 네트워크 디바이스에서 네트워크 디바이스 예약을 해줘야 하며 장비 변경 시에도 다시 네트워크 디바이스 예약을 진행해야 한다. 또 측정 중인 장비는 네트워크 디바이스 예약을 하지 않고 측정이 완료된 장비만 네트워크 디바이스 예약을 진행한다.

예를 들어, 1번 pc에서 1번 장비 사용 시 1번 장비만 네트워크 디바이스를 예약하고, 측정이 끝난 2번 장비 사용 시 NI-DAQ를 실행 후 새로 고침을 한 이후에 다시 2번 장비 네트워크 디바이스를 예약해줘야 한다.

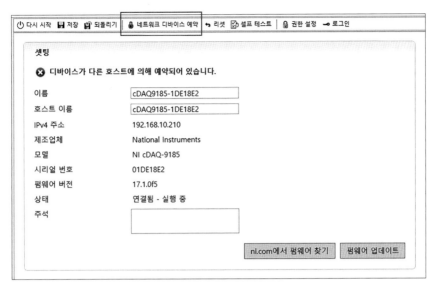

[그림 3-65] 디바이스 셋팅창

아래 그림은 설정이 완료된 모습이다. 설정이 완료되어야 측정이 가능하다.

[그림 3-66] 디바이스 설정 완료

(5) Program 실행

① 측정 그래프

아래 그림과 같이 3축(수평, 수직, 축) 진동 센서를 통하여 얻은 데이터를 그래프에 표기된다.

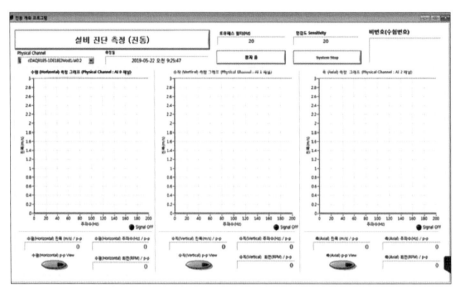

[그림 3-67] 측정 프로그램 기본 화면

② 측정일, 사용자 이름

측정일은 인쇄 시 사용자가 마지막 측정했던 시간, 일자 표시이며, 사용자 이름은 DMS 사용자가 자유롭게 입력할 수 있는 공간이다.

[그림 3-68] 사용자 이름 및 측정일

③ Physical Channel(물리 채널)

cDAQ-9185의 물리적인 채널 번호를 할당 및 확인을 위해 아래 그림과 같이 화살표를 클릭한 후, browse...를 클릭한다.

실습 진행 시 필요한 장비만 네트워크 디바이스에서 네트워크 디바이스 예약을 해줘야 하며, 장비 변경 시에도 다시 네트워크 디바이스 예약을 진행해야 한다. 또 측정 중인 장비는 네트워크 디바이스 예약을 하지 않고, 측정이 완료된 장비만 네트워크 디바이스 예약을 진행한다.

예를 들어, 1번 pc에서 1번 장비 사용 시 1번 장비만 네트워크 디바이스를 예약하고, 측정이 끝난 2번 장비 사용 시 NI-DAQ를 실행 후, 새로 고침을 한 이후에 다시 2번 장비 네트워크 디바이스를 예약해주어야 한다.

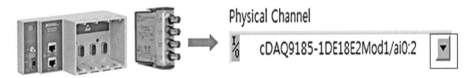

[그림 3-69] 물리 채널 설정

다음 아래 그림과 같은 창이 나오면 창에서 해당 채널들을 모두 선택 후 'ok'를 클릭한다.

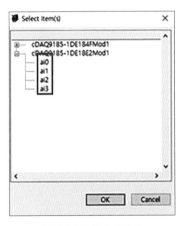

[그림 3-70] 채널 선택 창

④ 센서 및 그래프 설정

ⓐ 민감도(Sensitivity)

진동 센서를 통해 진동을 측정 할 때 센서의 감도를 조절하는 민감도 값을 입력하는 TextBox이다. 실제 그래프에는 적용이 되지 않으며 센서만 적용되는 설정 값이다.

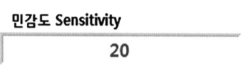

[그림 3-71] 민감도 설정 부분

ⓑ 로우패스 필터(Hz)

진동 센서를 통해 얻은 데이터를 스펙트럼 데이터로 변환하는 과정에서 필요한 로우패스 필터 값을 입력하는 TextBox이다. 쉽게 말해 그래프의 x축의 최대 범위를 설정하는 기능이다.

예를 들어 아래와 같이 필터링 값을 20Hz로 잡으면 20Hz 이상의 주파수는 필터링해서 그래프에 표시하지 않는다.

[그림 3-72] 로우패스 필터 설정 부분

⑤ 사용자 조작 버튼

- 정지 중: 측정 정지 상태(백색 버튼 변환)
- 측정 중: 센서 측정 상태(녹색 버튼 변환)
- System Stop: 프로그램 종료

[그림 3-73] 사용자 조작 버튼

⑥ 출력 데이터 진폭(진동값)

ⓐ 진폭

센서를 통하여 얻은 최대 진폭(mm/s)과 해당 주파수(Hz)는 아래 그림
과 같이 텍스트 박스에 표시된다.

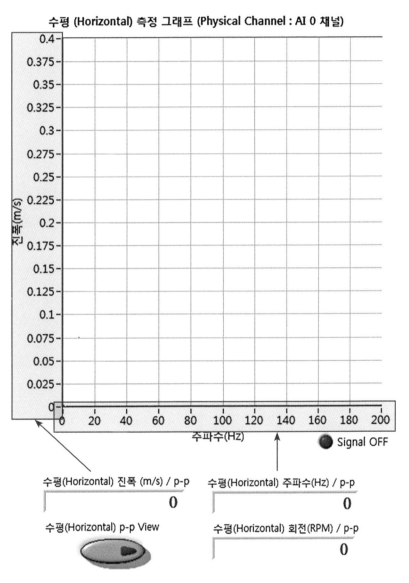

[그림 3-74] 수평 방향 그래프

ⓑ RPM

센서를 통하여 얻은 주파수 데이터는 분당 회전수$(RPM = f \times 60)$로 계산되어 축 회전라고 명시된 TextBox에 출력된다.

⑦ 가속도 센서

3축 센서에 상단면에는 x, y, z축 측정 방향이 표시되어 있다. 장비에 센서를 어떻게 장착하느냐에 따라서 1개의 센서를 통하여 3방향의 진동 데이터가 다르게 측정할 수 있다.

⑧ Software 스펙트럼 그래프 범위(Scale) 조정

ⓐ y축 범위 조정

아래 그림과 같이 y축(진폭) 최댓값 '3'을 마우스로 클릭하면, 키보드를 이용하여 다른 값을 입력할 수 있게 된다. 원하는 값을 입력하고 나면 자동으로 스펙트럼 그래프의 y축 범위 조정된다.

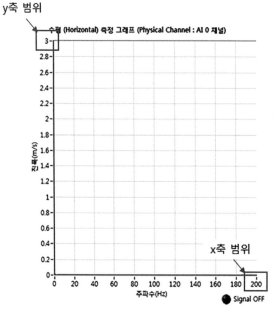

[그림 3-75] 그래프 x, y축 범위 설정

ⓑ x축 범위 조정

x축(주파수) 최댓값 '200'을 마우스로 클릭하면, 키보드를 이용하여 다른 값을 입력할 수 있게 된다. 원하는 값을 입력하고 나면 자동으로 스펙트럼 그래프의 x축 범위가 조정된다.

⑨ Software 부가 기능

ⓐ P-P Max 추적 기능

프로그램 화면 우측에 수평, 수직, 축 p-p View 버튼이 있다. 이 버튼을 클릭하게 되면 각 측정 그래프에서 가장 Max값, 즉 P-P(Peak to peak)값을 추적하여 P-P 값을 확인할 수 있다.

수평(Horizontal) p-p View

[그림 3-76] p-p View 버튼

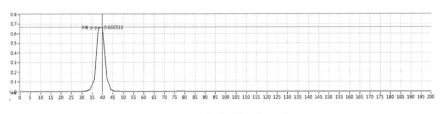

[그림 3-77] 수평 방향(P-P View)

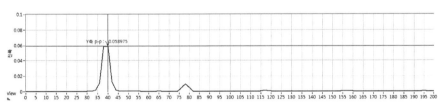

[그림 3-78] 수직 방향(P-P View)

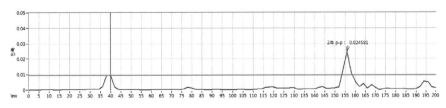

[그림 3-79] 축 방향(P-P View)

P-P 값이 표시되지 않는 경우는 그래프상에 주파수 값을 벗어나서 표시를 못하는 경우이다. 예를 들어 P-P 값이 250Hz에서 측정이 되었다면 현재 그래프 스케일은 200Hz이므로 표시가 되지 않는다.

ⓑ 드래그 & 드롭 커서 기능

각 측정 그래프에 녹색 교차지점을 누른 상태에서 드래그하여 원하는 위치에 가져다 둔 후 놓으면 x, y축의 교차 커서를 이용하여 각 파형에 값 변화를 확인할 수 있다. 경계선을 정확히 측정하기 위한 기능이다.

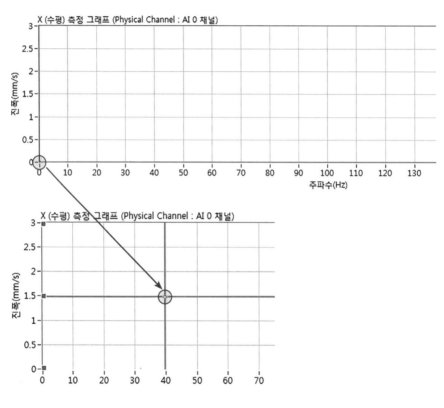

[그림 3-80] 드래그 & 드롭 커서 기능

(6) 상태별 진동 측정

① 진동 측정시 주의 사항

측정 시, 반드시 구동부로부터 기계적인 전달이 잘 이루어지는 부분을 선정해야 하며, 측정 위치는 안전한 위치를 선택하는 것이 중요하다. 또한 올바른 측정 장비를 사용하여, 항상 동일한 부분, 동일한 방향 등. 동일한 조건에서 측정해야만 데이터의 신빙성이 높아진다. 그 밖에 시스템의 소음, 체결부의 아이 마킹, 각종 게이지의 상태, 주변 오염도 등의 검사를 더불어 실시하고 기록하는 것이 좋다. 이러한 정보는 설비관리 활동을 효과적으로 하여 주며, 진동 분석에도 많은 도움을 준다.

측정 프로그램 사용법은 '6) 진동 측정 개요 - (4) Software 실행, (5) Program 실행'을 참고한다.

② 질량 불평형

ⓐ 아래 사진과 같이 시뮬레이터의 디스크에 질량에 해당되는 볼트가 체결되어 있다. 디스크에 볼트가 체결된 상태로 모터를 구동하면 질량 불평형에 해당하는 진동이 발생한다.

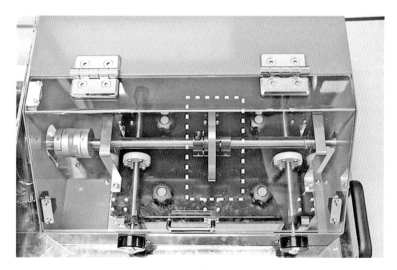

[그림 3-81] 진동 시뮬레이터 디스크에 질량 추가

ⓑ 아래의 그림과 같이 베어링 하우징 측면에 3축 가속도 센서를 창작한다. 측정 센서의 표면에 3축 방향을 보고 진동 시뮬레이터와 매칭시킨다. 아래 그림과 같이 장착되었다면 x축은 진동 시뮬레이터 기준으로 수평, y축은 수직 z축은 축 방향이 측정된다.

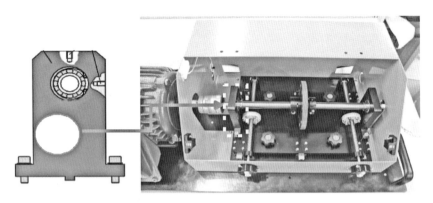

[그림 3-82] 하우징 측면에 가속도 센서 부착

ⓒ 커버를 닫은 후 인버터를 가동 후 OP Switch 1번만 ON(모터 구동 주파수 10Hz) 하도록 한다. 이때 프로그램에서 로우패스 필터 값은 '15', 민감도 '20'으로 변경하도록 한다. 민감도 MAX 50을 넘게 되면 에러가 발생한다.

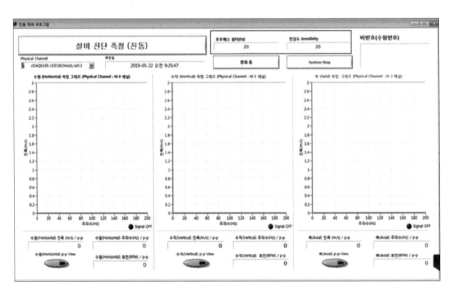

[그림 3-83] 로우패스 필터 및 민감도 조정

ⓓ 정상 상태 측정을 기준으로 질량 불평형 상태의 상태 변화를 비교한다. 질량 불평형 그래프와 같이 수평 축은 정상일 때 비해 약 3배 진폭에 값이 변화를 보였고, 수직, 축 값이 정상보다 값이 증가한 것을 확인할 수 있다.

참고로 '로우패스', '민감도(주위 환경)'에 따라 진폭에 값은 약간의 변화가 있을 수 있다.

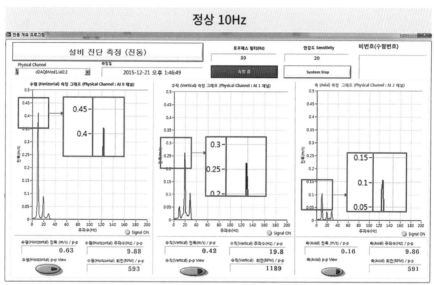

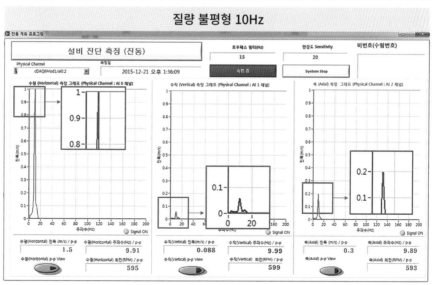

[그림 3-84] 정상 상태와 질량 불평형 상태 그래프 비교

③ 축 오정렬 상태

ⓐ 축 오정렬 상태는 아래 그림과 같이 회전판의 핸들(4개소)을 한 방향으로 1~2회 돌리면 회전판이 돌아가면서 회전판 위에 고정된 샤프트와 디스크가 같이 돈다. 이때 모터 측의 커플링과 중심축이 어긋나면서 축 오정렬 상태가 된다.

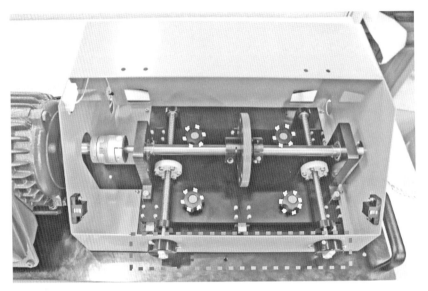

[그림 3-85] 축 오정렬 상태 만들기

ⓑ 아래의 그림과 같이 베어링 하우징 측면에 센서를 창작하도록 한다. 측정 방향은 센서 표면의 좌표축을 기준으로 측정한다.

[그림 3-86] 가속도 센서 부착 위치 확인

주의 사항으로는 축정렬 결함은 강제로 모터와 회전체의 축을 오정렬 상태로 만들어 회전하는 것이므로 커플링에 상당한 무리를 가해 열을 발생시킨다. 실습 과정에서 축정렬 결함은 1회전 편심을 오차 냈을 때 약 77.1℃에 열을 발생하였고, 2회전 편심을 오차 냈을 때는 약 124.8℃에 열을 발생하였다. 그러므로 축결함 실험 시에는 되도록 10Hz ~ 30Hz 이하로 모터를 구동하며 짧은 시간(약 5분) TEST를 한 후 약 5분을 커플링에 열을 식힌 후 사용하기를 권장한다.

[그림 3-87] 1회전 편심 오차(40Hz 구동)　　　　[그림 3-88] 2회전 편심 오차(40Hz 구동)

또 안전을 위하여 반드시 커버를 닫은 후 인버터를 가동하여 모터를 회전시키도록 한다.

ⓒ OP Switch 1번만 ON(모터 구동 10Hz) 하도록 한다. 이때 프로그램
에서 로우패스 필터 값은 '30', 민감도 '20'으로 변경하도록 한다. 민감
도 MAX 50을 넘게 되면 Error가 발생한다.

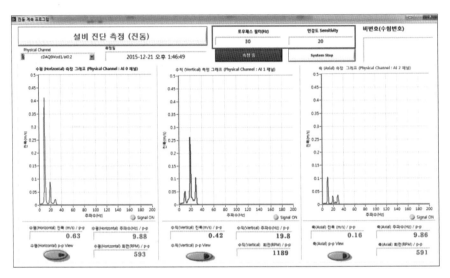

[그림 3-89] 로우패스 필터 및 민감도 조정

ⓓ 아래 그림과 같이 축 오정렬 상태의 경우, 1x, 2x, 3x 의 데이터가 출력
이 된다. 정상일 때보다 1x(10Hz)에서 모든 파형이 증가하였으며, 수
직측에서는 2x(20Hz)에서 1x(10Hz)보다 높게 측정된다. 축 정렬 결
함은 강제로 커플링을 편심 불량인 상태에서 동작을 하므로 커플링에
열이 발생할 수 있다. 되도록 짧은 시간 측정을 권장한다.

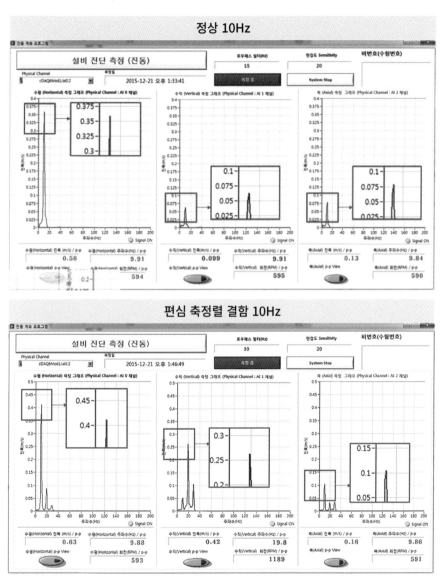

[그림 3-90] 정상 상태와 축 오정렬 상태 그래프 비교

※ 참고) 정상 상태 분석 예시(모터의 회전 주파수 30Hz 경우)

상태	정상 상태	
회전 속도(RPM)	1800RPM	
측정 위치(방향)	주요 성분(없음, 1X, 2X, 3X 등)	주파수
수평 방향(H)	없음	없음
수직 방향(V)	없음	없음
축 방향(A)	없음	없음

※ 주파수: 없음 또는 단위를 포함한 주파수 값을 기입

　　　(주요 성분이 여러 개일 경우, 각각의 주파수를 모두 기입)

[스펙트럼 출력물 부착]

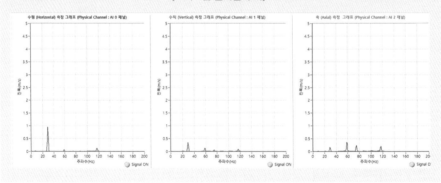

※ 참고) 질량 불평형 상태 예시(모터의 회전 주파수 30Hz 경우)

상태	질량 불평형 상태	
회전 속도(RPM)	1800RPM	
측정 위치(방향)	주요 성분(없음, 1X, 2X, 3X 등)	주파수
수평 방향(H)	1X	30Hz
수직 방향(V)	1X	30Hz
축 방향(A)	없음	없음

※ 주파수: 없음 또는 단위를 포함한 주파수 값을 기입

　　　(주요 성분이 여러 개일 경우, 각각의 주파수를 모두 기입)

[스펙트럼 출력물 부착]

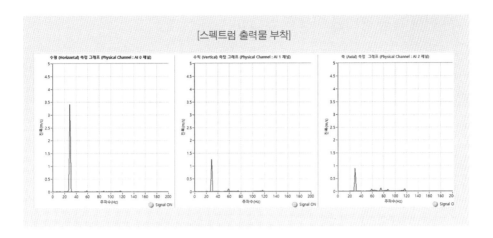

※ 참고) 축정렬 불량 상태 예시(모터의 회전 주파수 30Hz 경우)

상태	축정렬 불량 상태(Hz별로)	
회전 속도(RPM)	1800RPM	
측정 위치(방향)	주요 성분(없음, 1X, 2X, 3X 등)	주파수
수평 방향(H)	1X,2X	30Hz,60Hz
수직 방향(V)	1X,2X,3X	30Hz,60Hz,90Hz
축 방향(A)	1X,2X,3X	30Hz,60Hz,90Hz

※ 주파수: 없음 또는 단위를 포함한 주파수 값을 기입
　　(주요 성분이 여러 개일 경우, 각각의 주파수를 모두 기입)

[스펙트럼 출력물 부착]

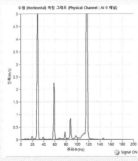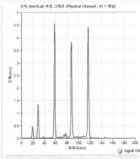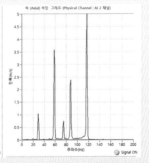

7) 진동 측정 장비를 이용한 실습 II

측정기기의 메이커에 따라 조작 방식에 차이가 있을 수 있다. 이번 장에서 취급하는 사양(측정기: vb6, Commtest±, 분석기: ㈜인페이스)과 다를 경우 제품 메뉴얼을 참고하도록 한다.

(1) 진동 시뮬레이터

진동 시뮬레이터의 구성으로는 모터, 인버터(모터의 주파수 조절하는 장치), 축, 커플링(모터와 축을 연결해주는 부품), 디스크, 하우징. 그리고 하우징 내부에 베어링이 장착되어 있다.

시뮬레이터를 작동 전에 반드시 안전 커버를 닫아야 하며 작동 중에는 커버를 열면 안 된다.

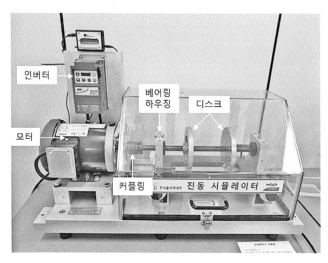

[그림 3-91] 진동 시뮬레이터

(2) vb6 진동 측정기 사용법

다음 사진이 진동 측정기(vb6)이며, 사용법은 다음과 같다.

[그림 3-92] 진동 측정기, vb6

① 진동 측정기 오른쪽 상단 커버를 열면 'CH1' 'CH2~4' TACH'라고 적힌 3개의 포트가 보인다. 우리가 사용하는 3축 가속도 센서의 경우, x, y, z축을 측정하기 때문에 총 3개의 채널이 필요하다. 3개의 포트 중 'CH2~4' 포트에 가속도 센서를 아래 그림과 같이 연결한다. 이렇게 연결하고 나면 'CH2'에 가속도 센서의 x축, 'CH3'에 y축, 'CH4'에 z축 스펙트럼이 표시된다.

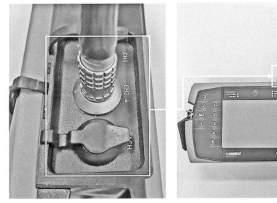
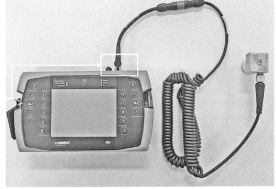

[그림 3-93] 진동 측정기에 가속도 센서 연결

② 진동 시뮬레이터의 커버를 열고 베어링 하우징에 가속도 센서를 장착한다. 센서 뒷면에 부착된 자석의 자력이 강하기 때문에 센서에 큰 충격이 가지 않게 조심스럽게 장착한다.

③ 센서를 조금씩 움직여서 센서 앞면에 있는 좌표축 방향과 진동 시뮬레이터(모터 축)의 좌표를 일치시킨다. 아래 사진에서 보이듯, 센서의 x축(CH2)은 측정 대상의 수평 방향, y축(CH3)은 축 방향, z축(CH4)은 수직 방향의 진동 스펙트럼이 측정될 것이다. (앞서 n-sys 진동 측정기 사용법 설명 시, 가속도 센서를 하우징 측면에 장착했기 때문에 x축은 진동 시뮬레이터 기준으로 수평, y축은 수직 z축은 축 방향이다.)

[그림 3-94] 가속도 센서를 하우징에 부착

④ 진동 시뮬레이터의 전원을 켜고, 아래 사진과 같이 진동 측정기 상단에 전원 버튼을 눌러 전원을 켜고 배터리가 충분한지 확인한다.

[그림 3-95] 진동 측정기 전원 켜기

⑤ 아래 사진과 같이 'Measure'에 해당하는 2번 또는 7번 버튼을 누른다.

[그림 3-96] 'Measure' 선택

⑥ 'Measure' 화면에서 1번과 2번 버튼을 눌러 'Spectrum/Waveform'
을 선택하고, 확인 버튼을 누른다. (6번 버튼을 눌러, 'Spectrum/
Waveform'을 선택해도 된다.)

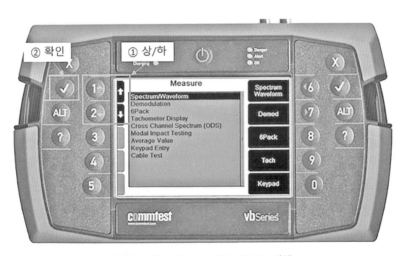

[그림 3-97] 'Spectrum/Waveform' 선택

⑦ 'Spectrum/Waveform'화면에서 그래프의 x축(주파수)의 범위 (Scale)를 설정한다. 설정 방법은 8번 버튼 'Fmax Fmin'을 선택한다. 이미 원하는 범위가 설정되었다면 확인 버튼을 눌러 다음 창으로 넘어가 도 된다.

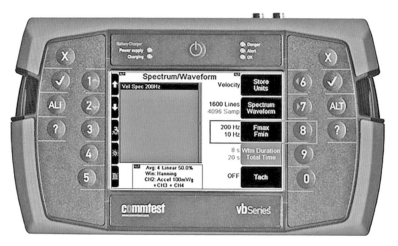

[그림 3-98] x축의 범위(Scale)를 설정

다음, Fmax(주파수의 측정 범위) 설정 화면에서 1,2번(상/하) 버튼과 6,7번(좌/우) 버튼을 이용하여 주파수(Hz)의 측정 범위를 선택하고 확인 버튼을 누른다. 아래 그림은 최대값을 200Hz로 설정하였다.

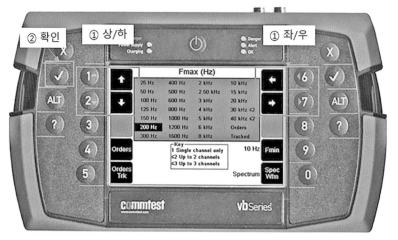

[그림 3-99] x축의 최대 측정 범위(Scale) 선택

그리고 난 뒤, 주파수(각 그래프의 x축)의 측정 범위가 설정되었다면 다시 확인 버튼을 누른다.

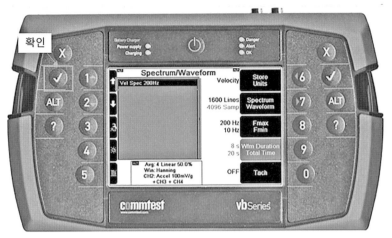

[그림 3-100] 측정 주파수 범위(Scale) 확인

⑧ 이제 측정기는 가속도 센서를 통해 진동 시뮬레이터의 진동을 측정하기 시작한다. 측정 초기 상태에서는 그래프의 형태가 불안정할 수 있다. 아래 그림과 같이 측정값 리셋 게이지가 2~3회 정도 차고, 그래프가 어느 정도 안정되면 확인 버튼을 눌러 측정을 중단한다.

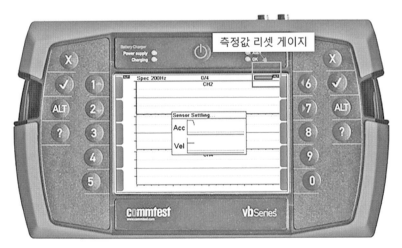

[그림 3-101] 진동 측정 중

아래 그림과 같이 그래프가 표현된다. 가장 위쪽 그래프부터 순서대로, CH2는 센서의 x축(수평 방향), CH3은 y축(축 방향), CH4는 z축(수직 방향)의 성분들이 나타난다.

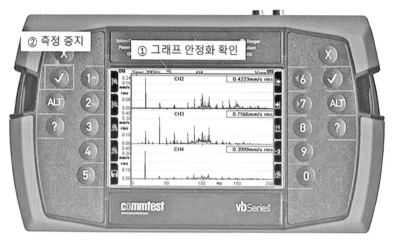

[그림 3-102] 그래프 안정화 후 측정 중지

⑨ 각 그래프의 y축 범위(진동의 크기)를 조정해서 각각의 그래프들을 한 번에 보기 쉽게 표현한다. 먼저 ALT 버튼을 누르고, 1번 버튼을 누른다.

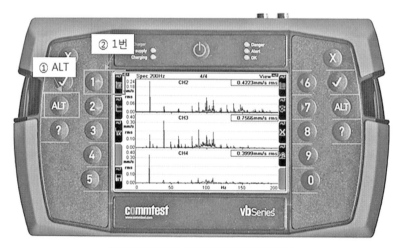

[그림 3-103] 진동 크기 범위 설정창 들어가기

아래 그림과 같이 'Select Y Axis Scale'이라는 창이 나온다. 현재 각 그래프의 y축(진동의 크기) 범위는 'Automatic'(자동)으로 설정되어 있다. 2번 버튼을 눌러 각 그래프의 y축 범위를 일치시켜 보도록 하자.

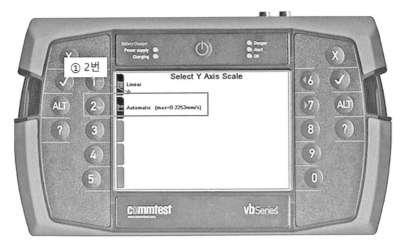

[그림 3-104] Select Y Axis Scale

이제 1, 2번(상/하) 버튼과 6, 7번(좌/우) 버튼을 눌러 원하는 y축 범위를 선택하고, 확인 버튼을 누른다.

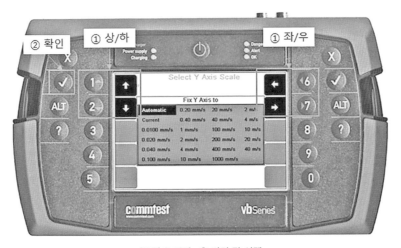

[그림 3-105] y축 범위 값 선택

그러면 아래 그림과 같이 'Select Y Axis Scale' 창이 다시 나오면서, 기존에 'Automatic'(자동)이 측정자가 선택한 범위값 2mm/s로 바뀐 것을 확인할 수 있다. 다시 확인 버튼을 눌러 측정 화면으로 돌아간다.

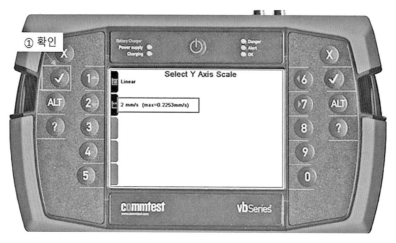

[그림 3-106] y축 범위값 변경 확인

⑩ 각 그래프의 x축(주파수)과 y축(진동의 크기)의 범위를 다시 확인하고, 각 스펙트럼의 주요 성분에 대한 정보를 알아보기 위해 6번 버튼을 누른다. 그러면 y축과 평행한 점선이 생겨난다. 이 점선은 해당 주파수와 진동의 크기를 각 그래프의 우측 상단에 표시해 준다.

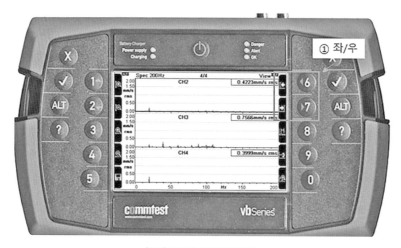

[그림 3-107] 1X 성분 찾기

6번(좌) 버튼을 이용해 점선 축을 1X 성분 근처로 보낸다. 다음 6, 7번 (좌/우) 버튼을 교대로 눌러 가며 진동의 크기가 가장 큰 부분에서 멈춘다. 이 부분의 주파수값과 진동의 크기가 1X의 주요 성분값이다.

[그림 3-108] 1X의 주파수와 진동 크기 확인

⑪ 이제 진동 시뮬레이터의 전원을 끄고, 모터가 완전히 정지할 때까지 기다린다. 장비가 동작을 멈춤것을 확인한 다음, 안전 커버를 열고, 가속도 센서를 탈거한다. 그런 다음 주변 정리 정돈을 실시한다.

(3) 분석 프로그램을 이용한 PC 출력

이제 측정기로 측정된 값을 PC와 연결하여 분석 프로그램으로 출력하는 방법에 대해 알아보자.

① 다음 그림과 같이 진동 측정기 왼쪽 상단 커버를 열면 'Ethernet', 'USB', 'USB to PC', 'Charger power' 순서로 4개의 포트가 보인다. 여기서 'USB to PC'포트에 전용 케이블을 알맞게 끼우고, PC의 USB 포트에 케이블을 연결한다.

[그림 3-109] PC와 진동 측정기 연결

② 다음 PC 바탕 화면에서 'Ascent'라는 진동 분석 프로그램 바로가기 아이콘을 더블클릭한다.

[그림 3-110] 분석 프로그램 바로가기 아이콘

③ 화면이 열리면 왼쪽 상단 메뉴에서 'Edit'를 클릭한다.

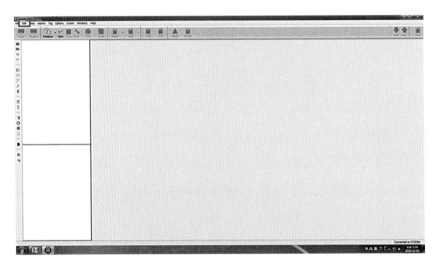

[그림 3-111] vb6 분석 프로그램

④ 'Edit'메뉴에서 'Manage' → 'vb Instruments ...'을 선택하고, 마우스 클릭한다.

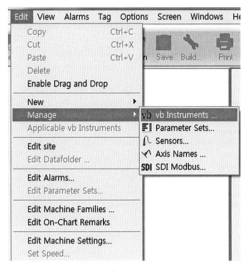

[그림 3-112] 'Manage' → 'vb Instruments ...' 선택

⑤ 아래 그림과 같이 'Manage Instruments' 창이 뜨면 현재 연결된 진동 측정기를 선택한다. 현재 PC와 연결된 진동 측정기는 시리얼 번호 옆에 녹색 번개 표시(✓)가 되어있다. 그런 다음 'Configure...'를 클릭한다. (진동 측정기 선택 부분을 더블 클릭해도 된다.)

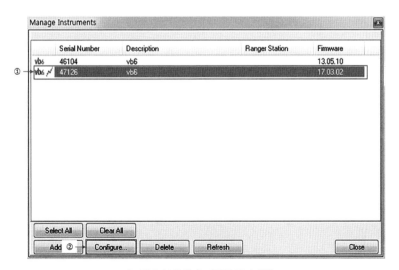

[그림 3-113] 현재 연결된 장비 선택

⑥ 'Instrument properties' 창이 뜨면 2번째 탭인 'Tasks'를 클릭하고,
'Screen Capture'을 클릭한다.

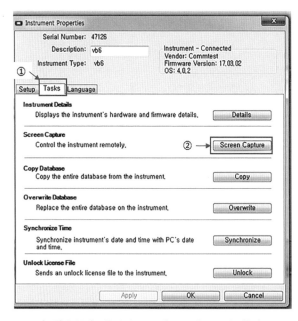

[그림 3-114] 'Tasks' → 'Screen Capture' 클릭

⑦ 아래 그림과 같은 화면이 뜨면 왼쪽 상단에 'Copy To Clip Board(🗐)'
아이콘을 클릭한다. 클립보드에 진동 측정기로 측정된 그래프가 복사되
었다면 미리 만들어 놓은 진동 분석 양식에 '붙여넣기' 하여 사용한다.

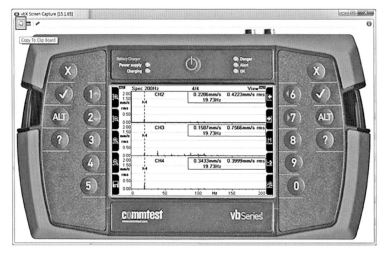

[그림 3-115] 'Copy To Clip Board' 클릭

※ 참고) 정상 상태 분석 예시(모터의 회전 주파수 20Hz 경우)

상태	정상 상태	
회전 속도(RPM)	1185.6 RPM	
측정 위치(방향)	주요 성분(없음, 1X, 2X, 3X 등)	주파수
수평 방향(H), CH2	없음	없음
수직 방향(V), CH4	없음	없음
축 방향(A), CH3	없음	없음

※ 주파수: 없음 또는 단위를 포함한 주파수 값을 기입

　　　(주요 성분이 여러 개일 경우, 각각의 주파수를 모두 기입)

[스펙트럼 출력물 부착]

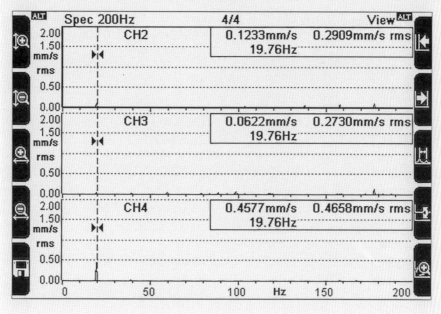

※ 참고) 질량 불평형 상태 예시(모터의 회전 주파수 20Hz 경우)

상태	질량 불평형 상태	
회전 속도(RPM)	1195.2 RPM	
측정 위치(방향)	주요 성분(없음, 1X, 2X, 3X 등)	주파수
수평 방향(H), CH2	1X	19.92Hz
수직 방향(V), CH4	없음	없음
축 방향(A), CH3	없음	없음

※ 주파수: 없음 또는 단위를 포함한 주파수 값을 기입

　　　(주요 성분이 여러 개일 경우, 각각의 주파수를 모두 기입)

[스펙트럼 출력물 부착]

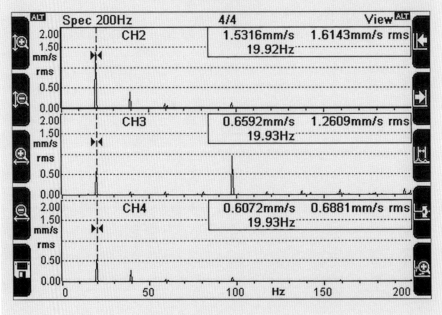

※ 참고) 축정렬 불량 상태 예시(모터의 회전 주파수 20Hz 경우)

상태	축정렬 불량 상태(Hz별로)	
회전 속도(RPM)	1234.8 RPM	
측정 위치(방향)	주요 성분(없음, 1X, 2X, 3X 등)	주파수
수평 방향(H), CH2	1X, 2X, 3X	20.59Hz, 41.18Hz, 61.77Hz
수직 방향(V), CH4	2X	20.58Hz, 41.16Hz, 61.74Hz
축 방향(A), CH3	1X, 2X, 3X	41.16Hz

※ 주파수: 없음 또는 단위를 포함한 주파수 값을 기입
　　　(주요 성분이 여러 개일 경우, 각각의 주파수를 모두 기입)

[스펙트럼 출력물 부착]

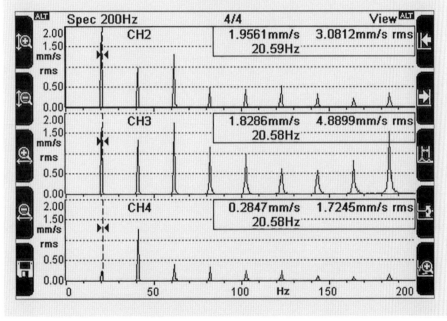

CHAPTER 4

전기전자장치 측정작업

1. 전압과 전류

2. 저항

3. 전기전자장치 측정

04 ——— 전기전자장치 측정작업

　본 Chapter에서는 브레드보드(Breadboard)와 저항을 이용하여 간단한 회로를 구성하고, 멀티미터(Multimeter)를 이용하여 구성된 회로의 물리량은 측정하는 방법에 대해 다루고 있다.

1. 전압과 전류

1) 전압

　전위차라고도 하며, 단위는 볼트[V, Volt]이다.

　전하가 전위가 높은 곳에서 낮은 곳으로 이동할 때의 차이를 전압이라 한다. 예를 들어, 우리 일상생활에 서 볼 수 있는 물탱크 안에 수위를 전위라 가정하자. 이때 물은 수위가 높은 곳에서 낮은 곳으로 이동한다. 이 이치를 전위차와 비교해 생각하면 된다.

2) 전류

전류는 단위 시간당 전하가 흐르는 양이며, 단위는 암페어[A, Ampere]라 한다.
전자는 이동하면서 전하를 이동시켜 주는데, 이때 전하의 흐름을 전류라 한다.
아래의 그림과 같이 전류는 플러스에서 마이너스로 흐르며, 이는 하나의 약속이
다. 실제로는 전자가 마이너스에서 플러스로 흐른다고 보면 된다.

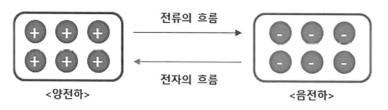

[그림 4-1] 전하의 흐름

2. 저항

도체에서 전류의 흐름을 방해하는 것을 저항이라 하며 단위는 옴(Ω, Ohm)이
라 한다. 여기서 도체는 전류가 흐를 수 있는 물체이다.

1826년 옴이라는 물리학자가 발견한 물리학의 기본 법칙의 하나로 전압, 전류,
저항 사이의 관계를 다음과 같이 증명했다. '전류(I)는 전압(V)에 비례하지만 저
항(R)에는 반비례한다.' 이를 통해 'V = I * R' 이라는 관계식이 세워졌다. 또 1V
의 전압에서 1A의 전류를 흐르게 하는 저항을 1Ω이라고도 한다. 아래 그림은
저항, 전압, 전류의 관계와 각각의 기호를 표현하였다.

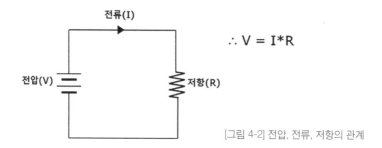

[그림 4-2] 전압, 전류, 저항의 관계

1) 저항의 용도

① 전압이나 전류를 낮출 때
② 전압이나 전류의 변화를 필요로 할 때
③ 적당한 시정수(時定數)가 필요로 할 때
④ 변하는 주파수에서 일정한 저항이 필요로 할 때
⑤ 다른 회로와의 결합을 막을 때
⑥ 댐핑(damping)이 필요할 때
⑦ 주파수 대역폭을 넓히고자 할 때
⑧ 위상을 조절하고자 할 때

2) 저항의 접속법

저항을 연결하는 방법에는 크게 두 가지가 있다. 바로 직렬 연결과 병렬 연결이다.

(1) 직렬 연결

합성저항을 Rs라 했을 때, 직렬 연결에서 Rs는 R1+R2이다. 예를 들어 R1의 값이 2Ω이고, R3의 값이 3Ω이라 가정했을 때, 합성저항 Rs는 5Ω이 된다.

이때 연결된 각각의 저항에는 전압 강하가 일어나고, 각각의 저항에 걸리는 전압의 합은 공급전압(V)과 같다. 또, 각각의 저항에 흐르는 전류(I)는 모두 같다.

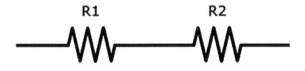

[그림 4-3] 직렬 연결

(2) 병렬 연결

합성저항을 Rs라 했을 때, 병렬 연결에서 Rs = R1*R2/(R1+R2)과 같다. 다른 말로 R1과 R2의 역수의 합을 다시 역수를 취한 값과 같다고 볼 수 있다. 예를 들면 R1의 값이 2Ω이고, R2의 값이 3Ω이라 가정했을 때, 먼저 R1의 역수 1/2과 R2의 역수 1/3를 합한다. 그러면 1/2+1/3 = 5/6이 된다. 이 5/6이 라는 값을 다시 역수로 취하면 6/5가 되며 환산하면 합성저항은 1.2Ω이라는 값이 나온다.

이때 연결된 각각의 저항에 걸리는 전압은 공급전압(V)으로 모두 같으며, 각각의 저항에 흐르는 전류의 합은 전체의 전류(I)와 같다.

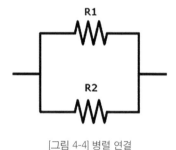

[그림 4-4] 병렬 연결

3) 저항기

회로에 인위적으로 저항을 발생시키는 것이며, 육안으로 저항기의 저항값 구분법은 다음과 같다.

저항기의 표면을 보면 몇 가닥의 색띠가 있는데, 이 색띠는 저항값을 나타낸다. 각 자리에 있는 색띠에 대해 알아보면, 첫 번째와 두 번째 자리의 색띠가 저항값의 각 자릿수를 나타내고, 세 번째 색띠는 10의 배수의 곱을, 네 번째 색띠는 저항값의 허용 오차(%)를 의미한다. 만약 전체 색띠가 5줄이라면 첫 번째에서 세 번째 색띠가 저항값의 각 자릿수라 할 수 있다. 이제 아래 저항 그림과 같이 색띠의 간격이 좁은 부분에서부터 시작하여 색상을 읽는다. 다음은 아래 표를 보고 각 자리에 해당되는 색상이 의미하는 값들을 종합하면 된다.

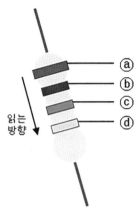

[그림 4-5] 저항 색띠

색상		ⓐ 첫째 자리	ⓑ 둘째 자리	ⓒ 배수	ⓓ 오차 %
검정		0	0	1	-
갈색		1	1	10^1	-
빨강		2	2	10^2	-
주황		3	3	10^3	-
노랑		4	4	10^4	-
초록		5	5	10^5	-
파랑		6	6	10^6	-
보라		7	7	10^7	-
회색		8	8	10^8	-
흰색		9	9	10^9	-
금색		-	-	10^{-1}	±5
은색		-	-	10^{-2}	±10
무색		-	-	-	±20

[표 4-1] 저항의 색상 코드 표

저항의 색띠를 이용하여 저항값을 읽는 방법에 대해 예를 하나 들어보자.

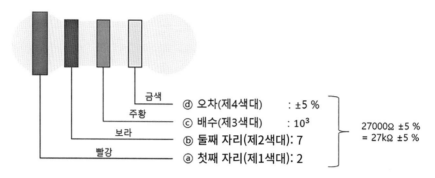

[그림 4-6] 저항 색띠 읽는 법 예시

위 그림에서 보이는 저항의 색띠를 순서대로 읽어보면 순서대로 첫 번째가 빨강, 그다음은 보라, 주황, 금색 순으로 이어진다.

① 빨강은 자리수에 있을 때는 숫자 2를 나타내고, 배수 자리에 있을 땐 10의 제곱을 나타낸다. 그림에서는 빨강이 가장 앞에 있으므로 숫자 2를 나타낸다.

② 보라색은 자리수에 있을 때는 숫자 7을 나타내고, 배수 자리에 있을 땐 10의 7승을 나타낸다. 그림에서 보라색은 둘째 자리에 있으므로 숫자 7을 나타낸다.

③ 주황색은 자리수에 있을 때는 숫자 3을 나타내고, 배수 자리에서는 10의 3승을 나타낸다. 그림에서 주황색은 세 번째, 즉 배수 자리에 있으므로 10의 3승을 의미한다.

④ 마지막으로 금색은 오차의 자리에 있으므로 전체 저항값의 ±5%의 오차가 존재한다는 것을 의미한다.

⑤ 이제 이 4가지 색띠의 의미를 조합해 보면 27000Ω ±5%라는 값이 나온다. kΩ으로 환산하면 27kΩ ±5%라는 값과 같다.

실제 저항 측정 시에는 색띠를 읽어서 나온 저항값을 사용하면 안된다. 측정은 말 그대로 실제 측정기를 이용하여 측정된 값을 이용하는 것이다. 회로 내부의 저항이나 저항기의 자체 오차로 인해 색띠를 이용한 저항값과는 분명 차이가 발생할 것이다.

1) 측정 기기 구성

(1) 전원 공급 장치(Power Supply)

외부에서 들어오는 전원을 원하는 값과 형태로 변환하여 안정적인 전원을
공급해주는 장치이다.

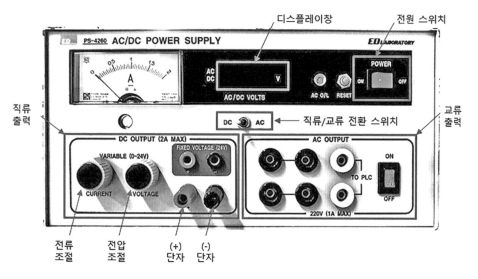

[그림 4-7] 전원 공급 장치

(2) 브레드보드(Breadboard)

전자 회로를 임시로 구성할 때 사용하는 장치로 납땜이 필요 없어 재사용이
가능하다. 가로 라인 방향으로만 5칸씩 연결되어 있고, 나머지 방향으로는 연
결되어 있지 않다.

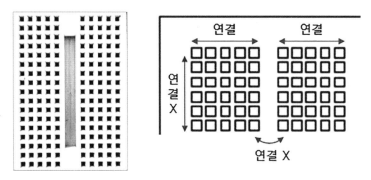

[그림 4-8] 브레드보드

(3) 멀티미터(Multimeter)

전류, 저항, 전압 등 전기회로에서 나타나는 특징들의 물리량을 측정할 때 사용하는 계측 장치이다.

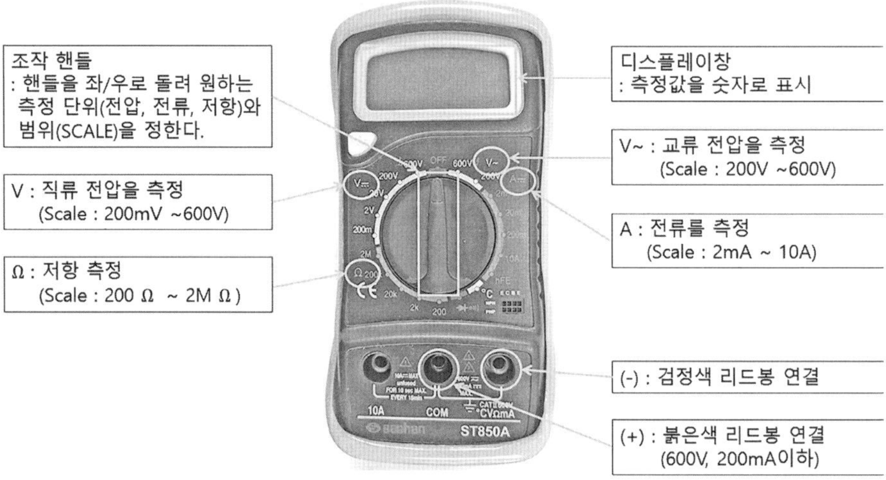

조작 핸들
: 핸들을 좌/우로 돌려 원하는 측정 단위(전압, 전류, 저항)와 범위(SCALE)을 정한다.

V : 직류 전압을 측정
(Scale : 200mV ~600V)

Ω : 저항 측정
(Scale : 200 Ω ~ 2M Ω)

디스플레이창
: 측정값을 숫자로 표시

V~ : 교류 전압을 측정
(Scale : 200V ~600V)

A : 전류를 측정
(Scale : 2mA ~ 10A)

(-) : 검정색 리드봉 연결

(+) : 붉은색 리드봉 연결
(600V, 200mA이하)

[그림 4-9] 멀티미터

2) 회로 구성

(1) 직렬 연결

임의의 저항 2개를 직렬 연결한 회로도를 브레드보드에 구성하면 아래 그림과 같다.

① R1의 양쪽 리드선을 손으로 접어서 브레드보드에 세로 방향으로 아무 구멍에나 꽂는다.

② R2의 양쪽 리드선을 손으로 접어서 리드선 한쪽을 R1과 연결되도록 같은 라인에 꽂아주고, 나머지 한쪽은 아무것도 연결되지 않는 라인에 꽂아준다.

③ 전원 공급기에서 나오는 리드선은 R1이 시작되는 라인에 붉은색 (+)리드선을 꽂아주고, R2가 끝나는 라인에 파란색 (-)리드선을 꽂아준다.

④ 전원 공급기의 전원을 켜고, 직류 5V가 되도록 조정한다. 이때 회로도의 스위치(⟋⟍)는 전원 공급기의 전원 스위치로 대체한다.

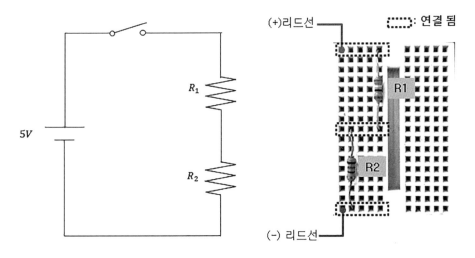

[그림 4-10] 직렬 회로도 및 브레드보드 회로 구성

(2) 병렬 연결

임의의 저항 2개를 병렬 연결한 회로도를 브레드보드에 구성하면 아래 그림과 같다.

① R1의 리드선 한쪽을 브레드보드의 세로 방향으로 아무 구멍에나 꽂는다.

② R2의 양쪽 리드선을 R1과 연결되도록 아래 위로 같은 라인에 꽂아준다.

③ 전원 공급기에서 나오는 리드선은 R1, R2가 시작되는 라인에 붉은색 (+) 리드선을 꽂아주고, R1, R2기 끝나는 라인에 파란색 (-) 리드선을 꽂아준다.

④ 전원 공급기의 전원을 켜고, 직류 5V가 되도록 조정한다. 이때 회로도의 스위치(◦—◦)는 전원 공급기의 전원 스위치로 대체한다.

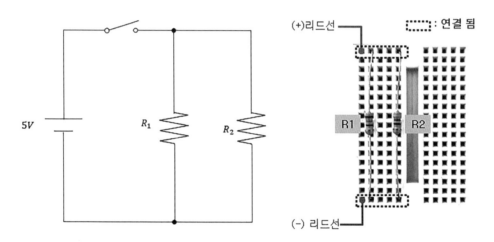

[그림 4-11] 병렬 회로도 및 브레드보드 회로 구성

(3) 직/병렬 연결

다음 그림은 임의의 저항 R1, R2, R3, R4를 이용한 전기 회로도이다.

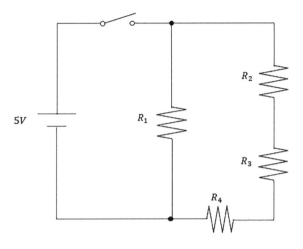

[그림 4-12] 직/병렬 전기 회로도(Ⅰ)

위 회로도를 보고 브레드보드에 저항을 연결하면 아래 그림과 같이 구성된다.

① R1의 리드선 한쪽을 브레드보드 왼쪽 가장자리 구멍에 꽂아준다.

② R2의 리드선 한쪽을 R1과 연결되도록 같은 라인에 꽂아준다.

③ R3의 리드선 한쪽과 남아있는 R2의 리드선이 연결되도록 같은 라인에 꽂아준다.

④ R4의 리드선 한쪽과 남아있는 R3의 리드선이 연결되도록 같은 라인에 꽂아준다.

⑤ R1과 R4의 남은 리드선이 연결되도록 같은 라인에 꽂아준다.

⑥ 전원 공급기의 전원을 켜고, 직류 5V가 되도록 조정한다. 이때 회로도의 스위치(◦─⌒─◦)는 전원 공급기의 전원 스위치로 대체한다.

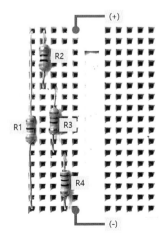

[그림 4-13] 브레드보드 회로 구성(Ⅰ)

3) 저항 및 전압 측정

임의의 저항 4개를 이용하여 각각의 고유저항을 측정하고, 브레드보드에 아래 그림과 같이 회로를 구성하여 전압을 측정해 보도록 하자.

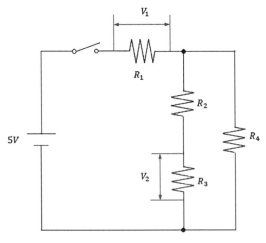

[그림 4-14] 직/병렬 전기 전기 회로도(Ⅱ)

① 임의의 저항 R1, R2, R3, R4를 가지런히 놓고, 멀티미터의 스위치를 저항(Ω) 측정으로 돌린 다음 리드봉을 이용하여 저항을 측정한다. +에 해당하는 붉은색 리드봉과 -에 해당하는 검정색 리드봉의 위치는 아래 그림과 반대여도 무관하다.

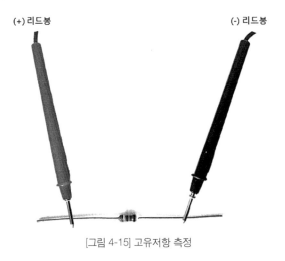

[그림 4-15] 고유저항 측정

② 아래 그림과 같이 4개의 저항을 이용하여 도면을 보고 브레드보드에 회로를 구성한다. 전원 공급기의 전원을 켜고, 전압을 직류 5V로 조정한다.

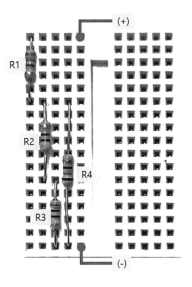

[그림 4-16] 브레브보드 회로 구성(Ⅱ)

③ 멀티미터의 스위치를 직류 전압 측정으로 돌린 다음, 도면에서 V1과 V2에 해당하는 전압값을 리드봉을 이용하여 차례대로 측정한다. 만약 측정기에서 음(-)의 값이 측정된다면 (+)리드봉과 (-)리드봉의 위치를 바꾸면 양(+)의 값으로 측정된다.

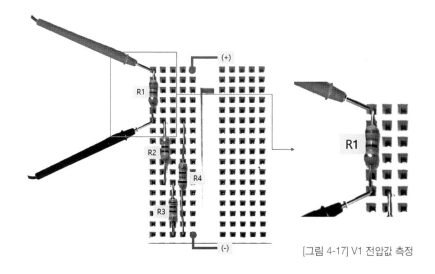

[그림 4-17] V1 전압값 측정

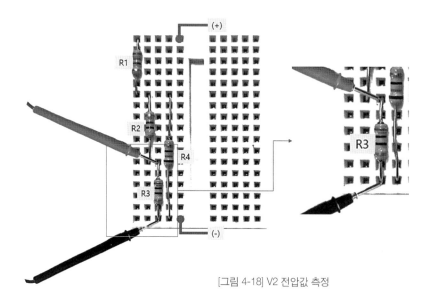

[그림 4-18] V2 전압값 측정

CHAPTER 5

연습문제

1. 기계 요소 정비 작업

2. 공·유압회로 구성작업

3. 설비 진단 측정작업

4. 전기전자장치 측정작업

05 ──────────────── 연습문제

1. 기계 요소 정비 작업(2시간)

- 감속기를 분해하고 기존 부착된 개스킷을 제출한다.
- 주어진 감속기와 '감속기 조립도면'을 참조하여 부품번호 2, 3, 4, 16번의 부품을 삼각법으로 스케치하고, 완성된 스케치도에 치수를 기입하여 제출한다.
- 분해한 감속기를 보고 주어진 '감속기 조립도면'의 부품란을 참고하여 주어진 빈칸에 알맞은 내용을 채운다.
- 개스킷 3장을 제작하고, 다시 조립한 후 동작 상태를 확인한다.

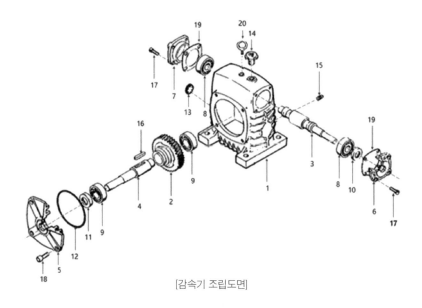

[감속기 조립도면]

부품번호	부품명	부품번호	부품명
1		11	오일 실(Oil Seal)
2		12	O-링(O-Ring)
3	원동축	13	유면창(유면계)
4	종동축	14	오일캡(에어 벤트)
5		15	
6	원동축 커버	16	키(Key)
7	원동축 커버	17	볼트
8	베어링(bearing)	18	볼트
9	베어링(bearing)	19	개스킷(Gasket)
10	오일 실(Oil Seal)	20	아이 볼트

1. 위 빈칸의 부품명을 적으시오.

2. 부품 8의 규격을 적으시오. :

연습문제 2

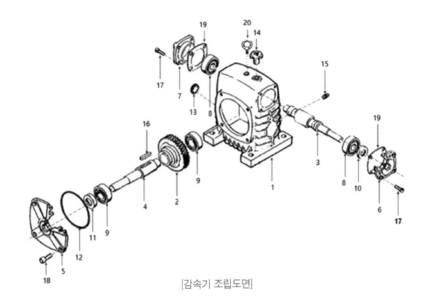

[감속기 조립도면]

부품번호	부품명	부품번호	부품명
1	케이스(case)	11	오일 실(Oil Seal)
2	웜휠(worm wheel)	12	O-링(O-Ring)
3		13	유면창(유면계)
4	종동축	14	
5	종동축 커버	15	드레인 플러그(Drain Plug)
6	원동축 커버	16	키(Key)
7	원동축 커버	17	볼트
8		18	볼트
9		19	개스킷(Gasket)
10	오일 실(Oil Seal)	20	아이 볼트

1. 위 빈칸의 부품명을 적으시오.

2. 부품 18의 규격을 적으시오. :

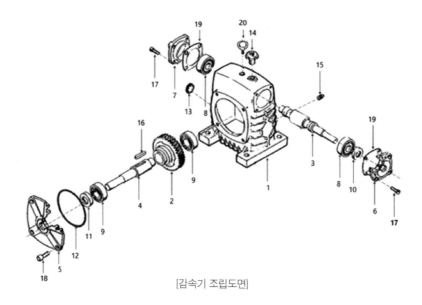

[감속기 조립도면]

부품번호	부품명	부품번호	부품명
1		11	오일 실(Oil Seal)
2	웜휠(worm wheel)	12	
3	원동축	13	
4		14	오일캡(에어 벤트)
5	종동축 커버	15	드레인 플러그(Drain Plug)
6	원동축 커버	16	키(Key)
7	원동축 커버	17	볼트
8	베어링(bearing)	18	볼트
9	베어링(bearing)	19	개스킷(Gasket)
10	오일 실(Oil Seal)	20	아이 볼트

1. 위 빈칸의 부품명을 적으시오.

2. 부품 10의 규격을 적으시오. :

연습문제 4

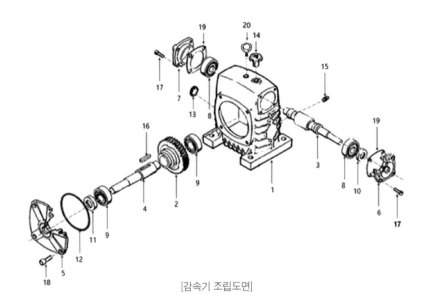

[감속기 조립도면]

부품번호	부품명	부품번호	부품명
1	케이스(case)	11	오일 실(Oil Seal)
2	웜휠(worm wheel)	12	O-링(O-Ring)
3		13	
4		14	오일캡(에어 벤트)
5	종동축 커버	15	드레인 플러그(Drain Plug)
6	원동축 커버	16	키(Key)
7	원동축 커버	17	볼트
8	베어링(bearing)	18	볼트
9	베어링(bearing)	19	
10	오일 실(Oil Seal)	20	아이 볼트

1. 위 빈칸의 부품명을 적으시오.

2. 부품 5의 용도를 적으시오. :

연습문제 5

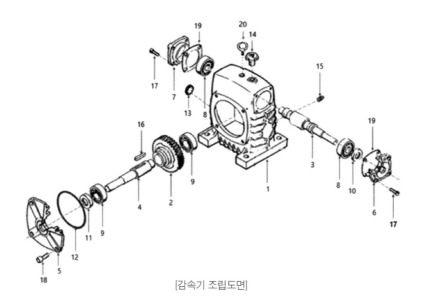

[감속기 조립도면]

부품번호	부품명	부품번호	부품명
1		11	오일 실(Oil Seal)
2	웜휠(worm wheel)	12	O-링(O-Ring)
3	원동축	13	
4	종동축	14	오일캡(에어 벤트)
5	종동축 커버	15	
6	원동축 커버	16	
7	원동축 커버	17	볼트
8	베어링(bearing)	18	볼트
9	베어링(bearing)	19	개스킷(Gasket)
10	오일 실(Oil Seal)	20	아이 볼트

1. 위 빈칸의 부품명을 적으시오.

2. 부품 2의 용도를 적으시오. :

연습문제 6

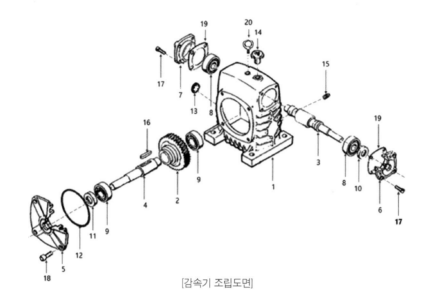

[감속기 조립도면]

부품번호	부품명	부품번호	부품명
1		11	오일 실(Oil Seal)
2		12	O-링(O-Ring)
3	원동축	13	유면창(유면계)
4	종동축	14	
5	종동축 커버	15	
6	원동축 커버	16	키(Key)
7	원동축 커버	17	볼트
8	베어링(bearing)	18	볼트
9	베어링(bearing)	19	개스킷(Gasket)
10	오일 실(Oil Seal)	20	아이 볼트

1. 위 빈칸의 부품명을 적으시오.

2. 부품 9의 용도를 적으시오. :

연습문제 7

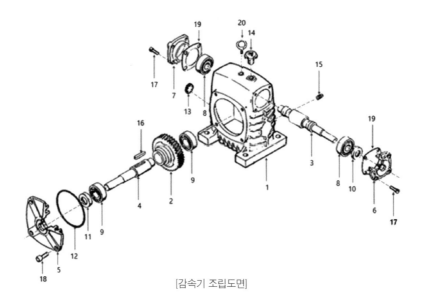

[감속기 조립도면]

부품번호	부품명	부품번호	부품명
1	케이스(case)	11	오일 실(Oil Seal)
2	웜휠(worm wheel)	12	
3	원동축	13	유면창(유면계)
4	종동축	14	오일캡(에어 벤트)
5	종동축 커버	15	드레인 플러그(Drain Plug)
6	원동축 커버	16	키(Key)
7	원동축 커버	17	
8	베어링(bearing)	18	
9	베어링(bearing)	19	
10	오일 실(Oil Seal)	20	아이 볼트

1. 위 빈칸의 부품명을 적으시오.

2. 부품 11의 규격을 적으시오. :

연습문제 8

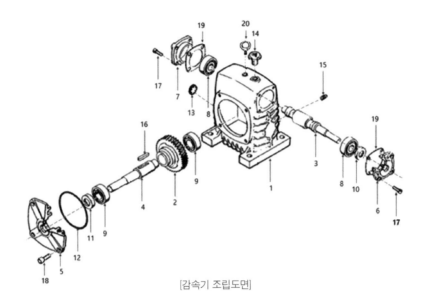

[감속기 조립도면]

부품번호	부품명	부품번호	부품명
1	케이스(case)	11	
2	웜휠(worm wheel)	12	O-링(O-Ring)
3		13	유면창(유면계)
4	종동축	14	오일캡(에어 벤트)
5	종동축 커버	15	
6	원동축 커버	16	키(Key)
7	원동축 커버	17	볼트
8	베어링(bearing)	18	볼트
9	베어링(bearing)	19	개스킷(Gasket)
10		20	아이 볼트

1. 위 빈칸의 부품명을 적으시오.

2. 부품 3의 용도를 적으시오. :

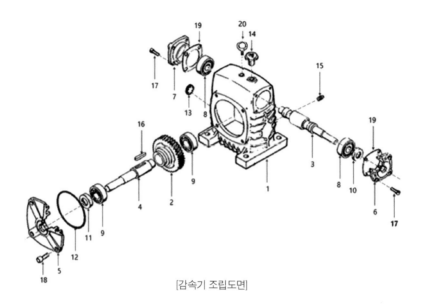

[감속기 조립도면]

부품번호	부품명	부품번호	부품명
1	케이스(case)	11	오일 실(Oil Seal)
2		12	
3	원동축	13	
4	종동축	14	오일캡(에어 벤트)
5		15	드레인 플러그(Drain Plug)
6	원동축 커버	16	키(Key)
7	원동축 커버	17	볼트
8	베어링(bearing)	18	볼트
9	베어링(bearing)	19	개스킷(Gasket)
10	오일 실(Oil Seal)	20	아이 볼트

1. 위 빈칸의 부품명을 적으시오.

2. 부품 14의 용도를 적으시오. :

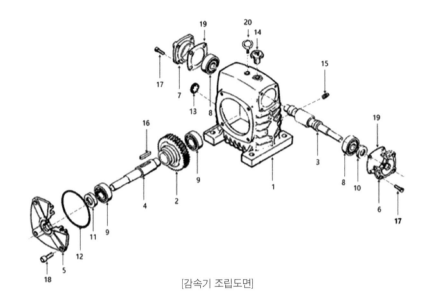

[감속기 조립도면]

부품번호	부품명	부품번호	부품명
1	케이스(case)	11	오일 실(Oil Seal)
2	웜휠(worm wheel)	12	O-링(O-Ring)
3	원동축	13	유면창(유면계)
4	종동축	14	오일캡(에어 벤트)
5	종동축 커버	15	드레인 플러그(Drain Plug)
6	원동축 커버	16	키(Key)
7	원동축 커버	17	
8		18	
9		19	개스킷(Gasket)
10	오일 실(Oil Seal)	20	아이 볼트

1. 위 빈칸의 부품명을 적으시오.

2. 부품 19의 용도를 적으시오. :

2. 공ㆍ유압회로 구성작업

1) 공압회로 구성 작업(1시간)

- 공압 회로도를 보고 변위단계선도를 작성하고 공압 장치를 이용하여 회로를 구성한다. (전기 연결선의 적색은 +, 청색은 -로 연결하시오.)
- 서비스 유닛을 0.5MPa(오차 ±0.5MPa)로 설정하시오.

2) 유압회로 구성 작업(1시간)

- 유압 장치를 이용하여 유압 회로도면과 같이 회로를 구성하여 동작시킨다. (전기 연결선의 적색은 +, 청색은 -로 연결하시오.)
- 유압 회로의 최고 압력을 4MPa(오차 ±0.2MPa)로 설정하시오.

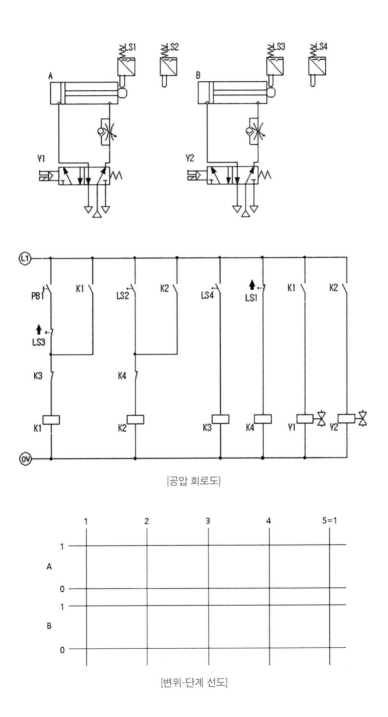

[공압 회로도]

[변위-단계 선도]

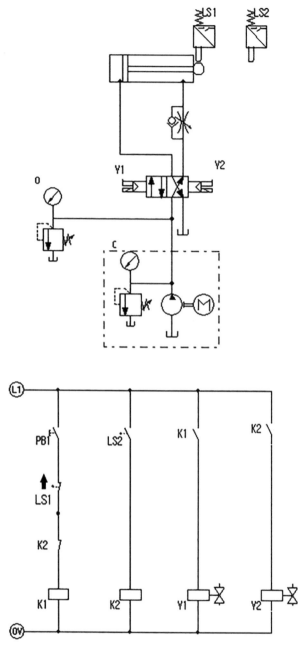

[유압 회로도]

연습문제 2

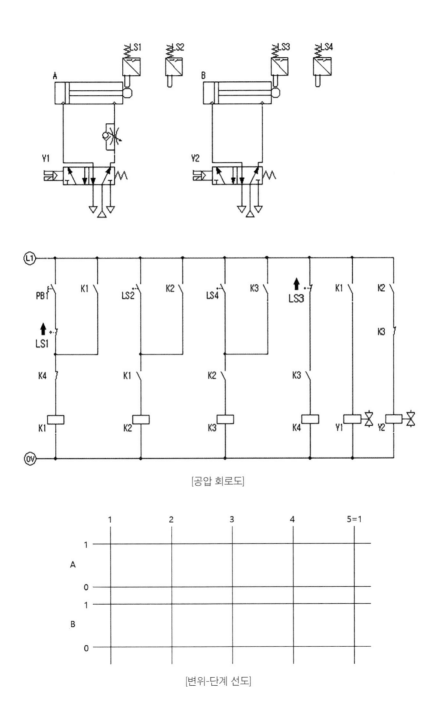

[공압 회로도]

[변위-단계 선도]

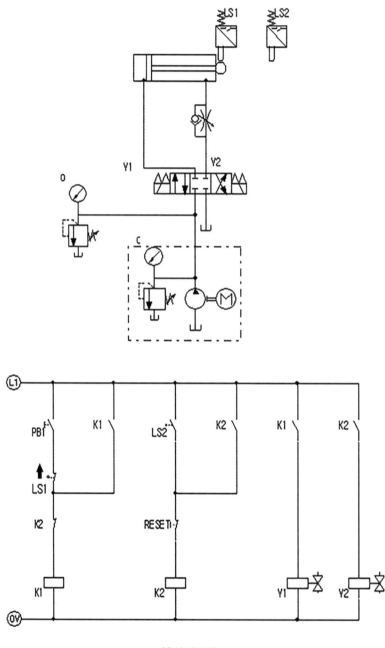

[유압 회로도]

연습문제 3

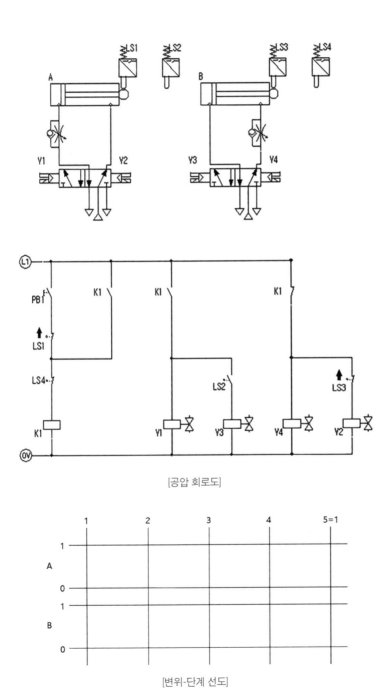

[공압 회로도]

[변위-단계 선도]

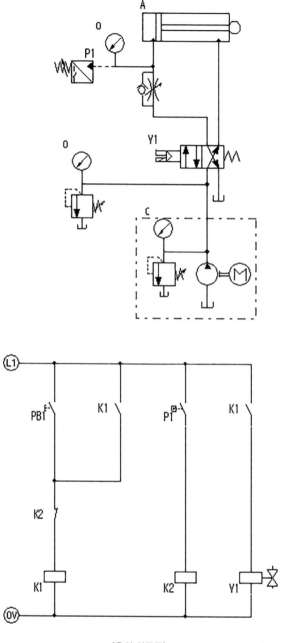

[유압 회로도]

연습문제 4

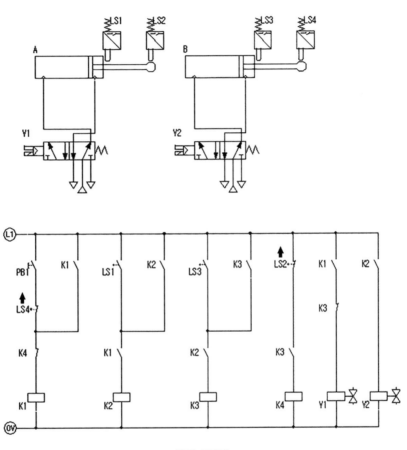

[공압 회로도]

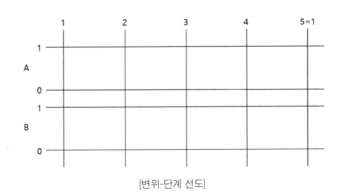

[변위-단계 선도]

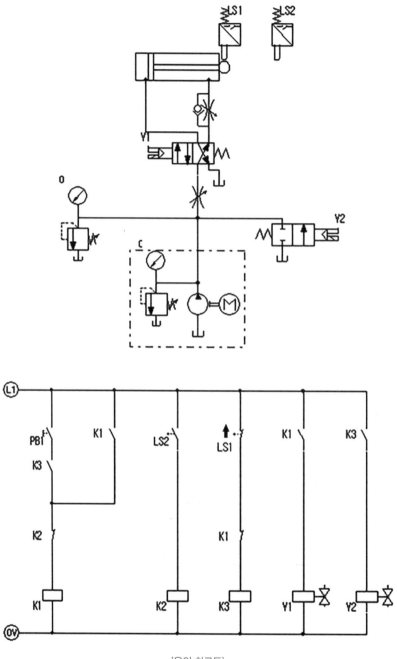

[유압 회로도]

연습문제 5

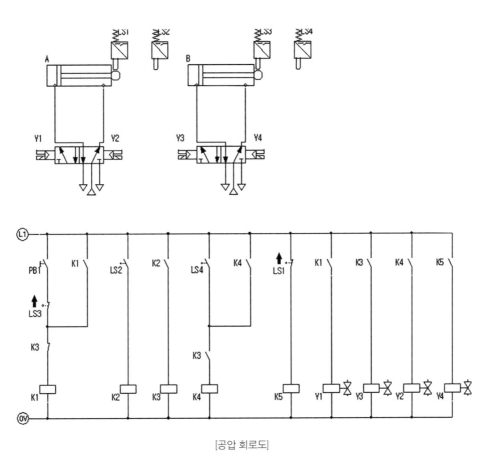

[공압 회로도]

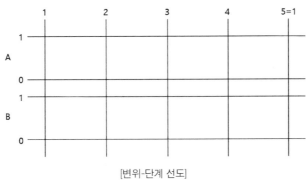

[변위-단계 선도]

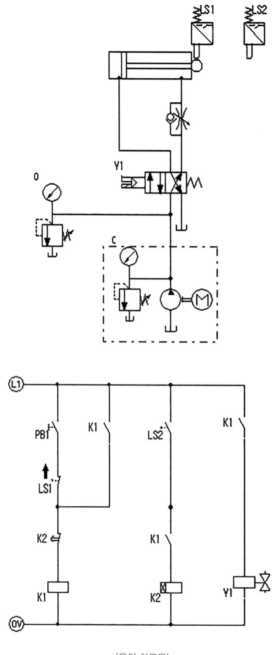

[유압 회로도]

연습문제 6

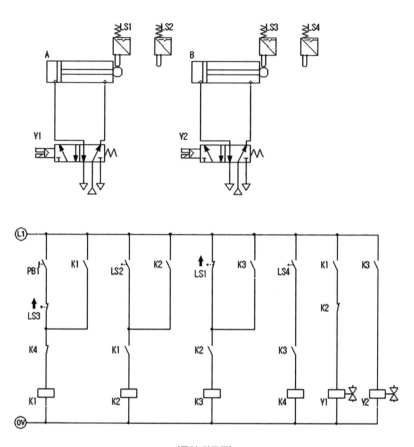

[공압 회로도]

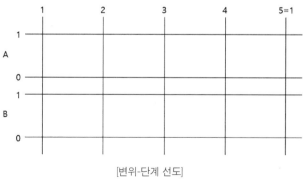

[변위-단계 선도]

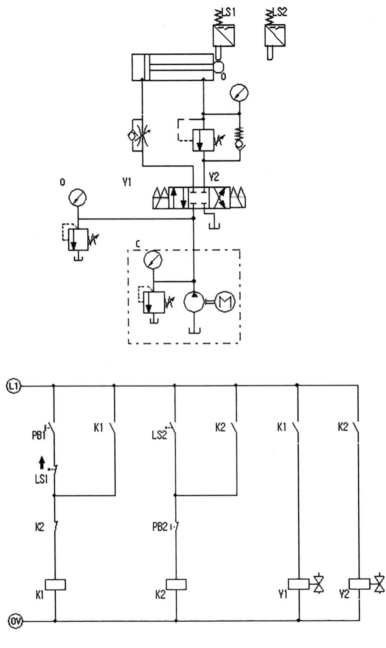

[유압 회로도]

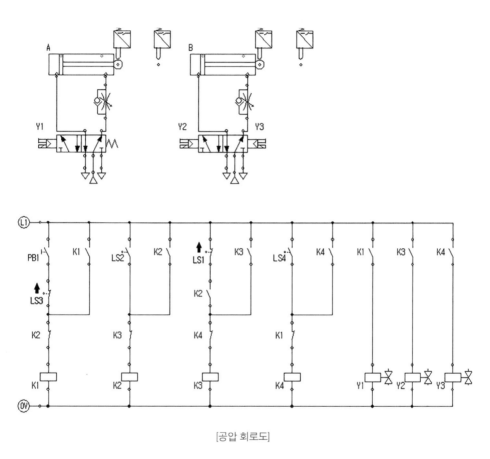

[공압 회로도]

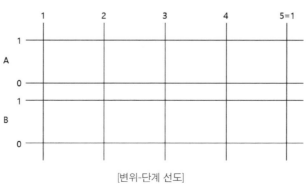

[변위-단계 선도]

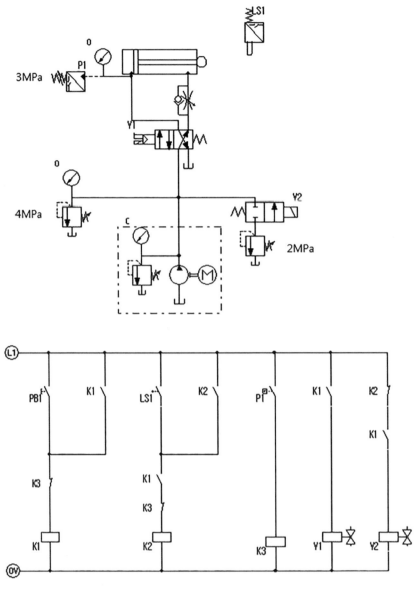

[유압 회로도]

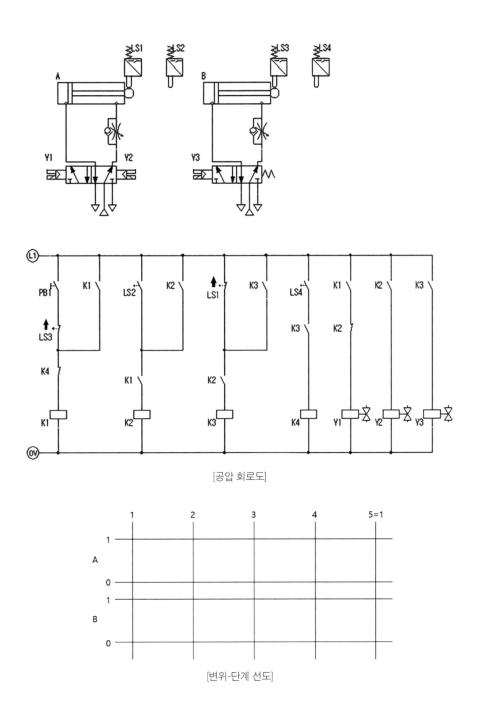

[공압 회로도]

[변위-단계 선도]

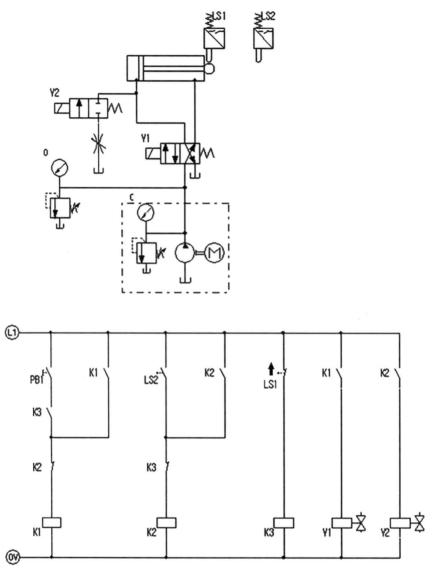

[유압 회로도]

연습문제 9

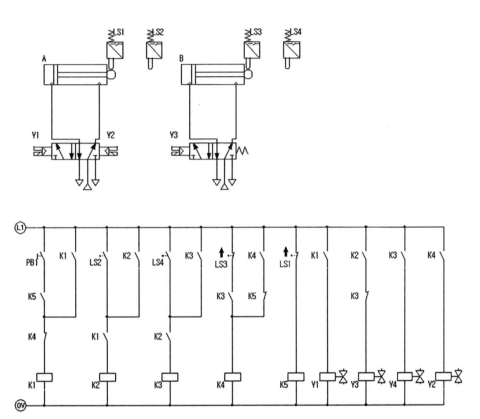

[공압 회로도]

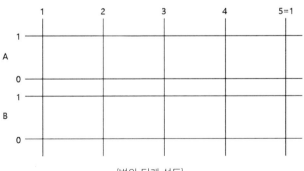

[변위-단계 선도]

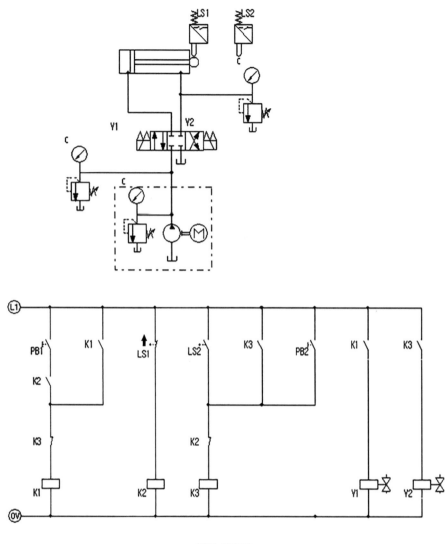

[유압 회로도]

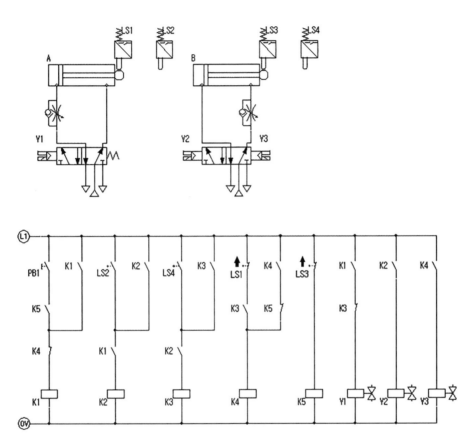

[공압 회로도]

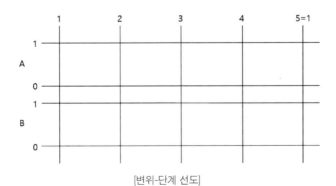

[변위-단계 선도]

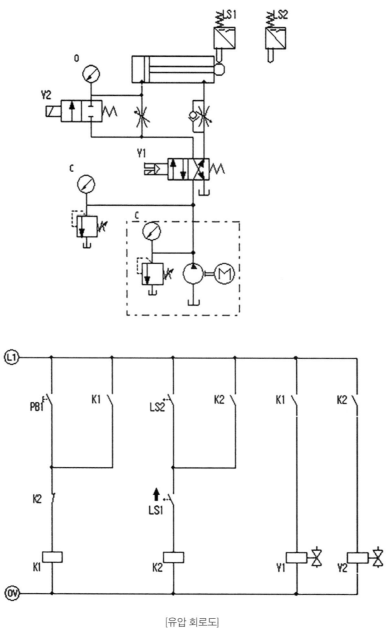

[유압 회로도]

3. 설비 진단 측정작업(1.5시간)

1) 소음 측정 작업

- 다음 '소음 측정값'을 보고, 소음이 가장 큰 모터와 그 측정값을 적으시오.
- 소음이 가장 큰 모터를 제외한 모터 2개에 대해 모터 ⓐ 및 모터 ⓑ로 지정한 후, 각각의 소음을 빈칸에 기록하고, 2개의 모터(ⓐ, ⓑ)를 동시에 회전시켰을 때의 소음값을 계산식으로 계산하여 계산식과 그 값을 쓰시오.

2) 진동 측정 작업

- 다음 그래프는 진동 측정기와 가속도 센서를 이용하여 3대의 진동 시뮬레이터를 개별적으로 동작시켜 각각의 스펙트럼을 출력한 결과이다. 각각의 출력물에 따른 상태, 회전속도, 방향별 주요 성분을 비교하여 빈칸에 기록하시오. (단, 상태는 정상 상태, 축 오정렬 상태, 질량 불평형 상태 등으로 분류하고, 주요 성분은 없음, 1X, 2X, 3X 등으로 분류한다.)

연습문제 1

▶ 소음 측정

소음원	모터 ①	모터 ②	모터 ③
측정값	65.4	73.2	62.8

[소음 측정값]

▶ 소음이 가장 큰 모터

모터 번호	
소음값	

▶ 합성 소음

모터 ⓐ	
모터 ⓑ	
합성 계산식	
합성값	

▶ 시뮬레이터 ①

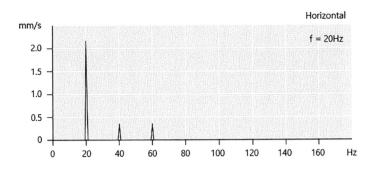

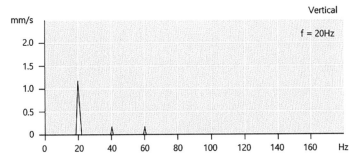

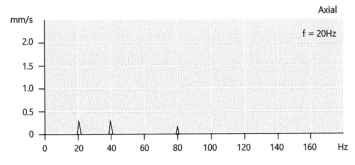

상태	
회전속도(RPM)	

측정 위치(방향)	주요 성분(없음, 1X, 2X, 3X 등)	주파수
수평(H)		
수직(V)		
축(A)		

▶ 시뮬레이터 ②

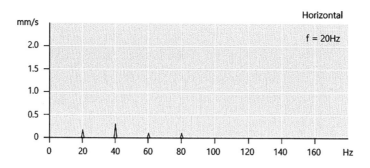

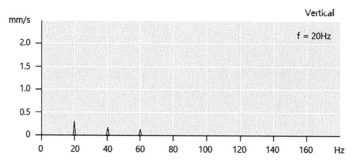

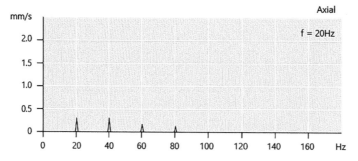

상태	
회전속도(RPM)	

측정 위치(방향)	주요 성분(없음, 1X, 2X, 3X 등)	주파수
수평(H)		
수직(V)		
축(A)		

▶ 시뮬레이터 ③

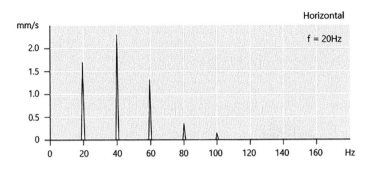

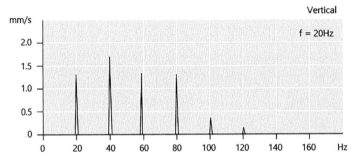

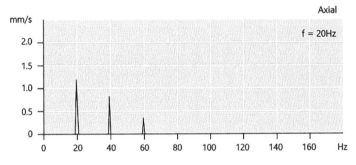

상태	
회전속도(RPM)	

측정 위치(방향)	주요 성분(없음, 1X, 2X, 3X 등)	주파수
수평(H)		
수직(V)		
축(A)		

연습문제 2

▶ 소음 측정

소음원	모터 ①	모터 ②	모터 ③
측정값	68.1	66.4	59.8

[소음 측정값]

▶ 소음이 가장 큰 모터

모터 번호	
소음값	

▶ 합성 소음

모터 ⓐ	
모터 ⓑ	
합성 계산식	
합성값	

▶ 시뮬레이터 ①

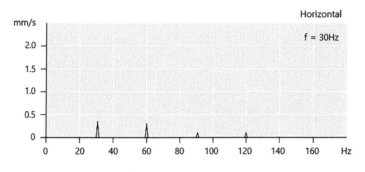

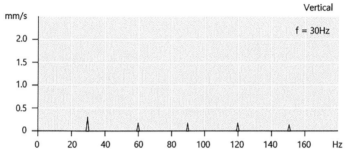

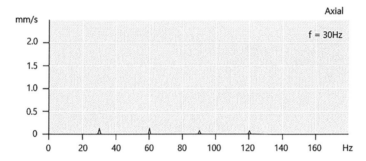

상태	
회전속도(RPM)	

측정 위치(방향)	주요 성분(없음, 1X, 2X, 3X 등)	주파수
수평(H)		
수직(V)		
축(A)		

▶ 시뮬레이터 ②

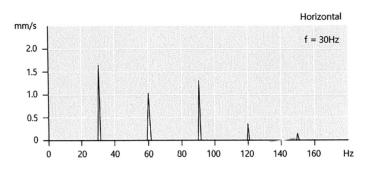

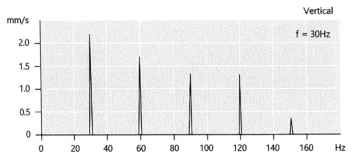

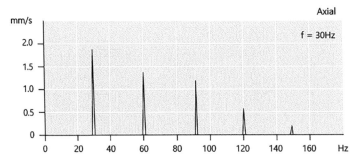

상태	
회전속도(RPM)	

측정 위치(방향)	주요 성분(없음, 1X, 2X, 3X 등)	주파수
수평(H)		
수직(V)		
축(A)		

▶ 시뮬레이터 ③

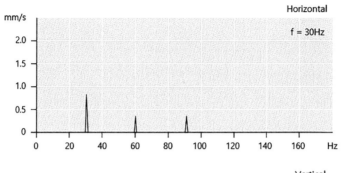

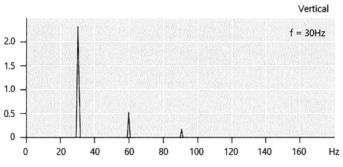

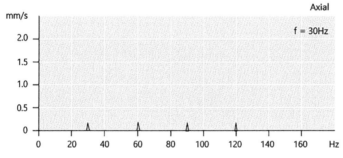

상태	
회전속도(RPM)	

측정 위치(방향)	주요 성분(없음, 1X, 2X, 3X 등)	주파수
수평(H)		
수직(V)		
축(A)		

4. 전기전자장치 측정작업 (0.5시간)

- 주어진 저항 도면을 브레드보드를 사용하여 회로를 구성하시오.
- 브레드보드에 구성된 회로 내의 물리량을 멀티미터로 측정하고, 그 값을 답지에 적으시오.(단, 저항값은 Ω, 전압값은 V로 측정값하고, 소수점 둘째 자리에서 반올림한다.)

연습문제 1

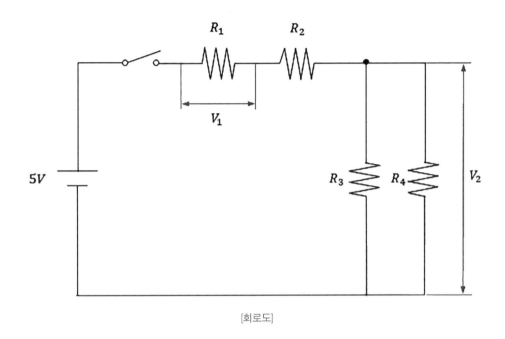

[회로도]

▶ 아래 표의 빈칸에 측정값을 적으시오.

항목	R1	R2	R3	R4	V1	V2
측정값						

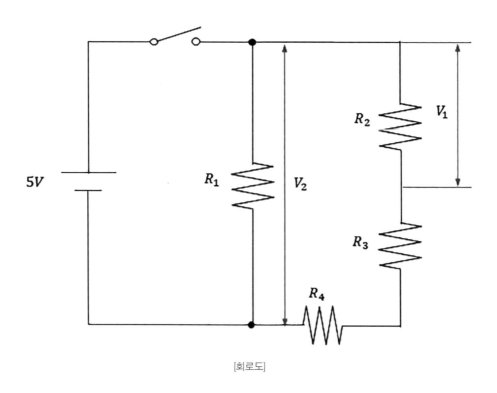

[회로도]

▶ 아래 표의 빈칸에 측정값을 적으시오.

항목	R1	R2	R3	R4	V1	V2
측정값						

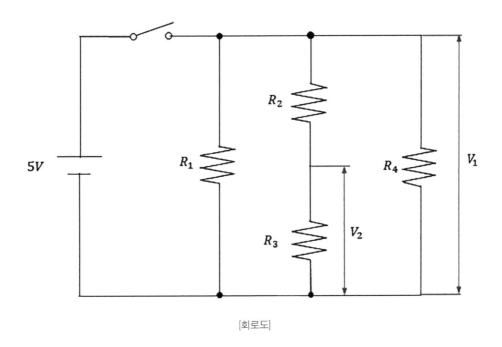

[회로도]

▶ 아래 표의 빈칸에 측정값을 적으시오.

항목	R_1	R_2	R_3	R_4	V_1	V_2
측정값						

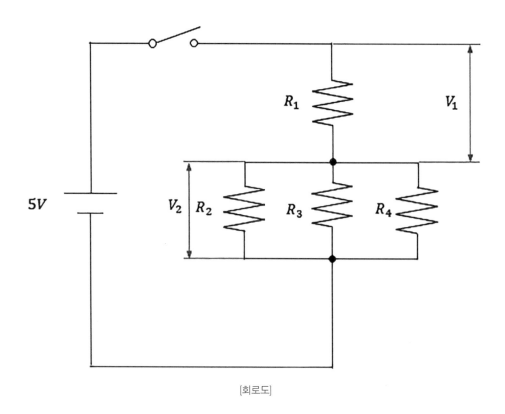

[회로도]

▶ 아래 표의 빈칸에 측정값을 적으시오.

항목	R_1	R_2	R_3	R_4	V_1	V_2
측정값						

연습문제 5

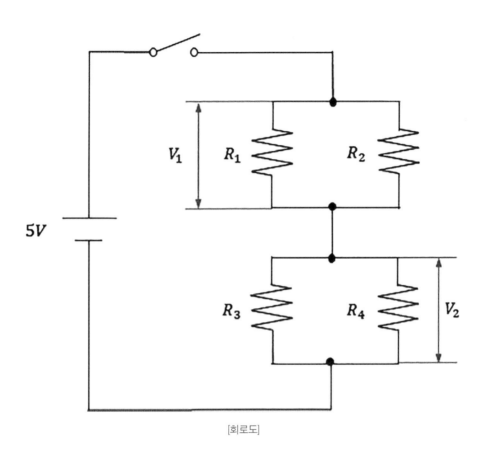

[회로도]

▶ 아래 표의 빈칸에 측정값을 적으시오.

항목	R_1	R_2	R_3	R_4	V_1	V_2
측정값						

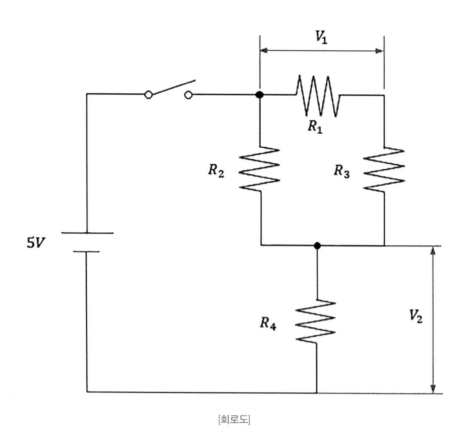

[회로도]

▶ 아래 표의 빈칸에 측정값을 적으시오.

항목	R_1	R_2	R_3	R_4	V_1	V_2
측정값						

연습문제 7

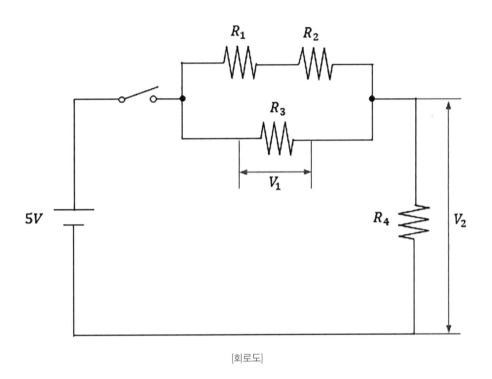

[회로도]

▶ 아래 표의 빈칸에 측정값을 적으시오.

항목	R_1	R_2	R_3	R_4	V_1	V_2
측정값						

연습문제 8

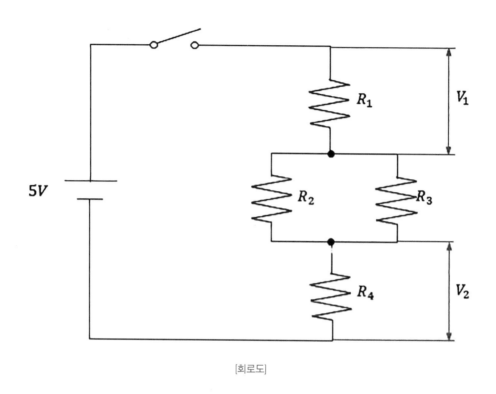

[회로도]

▶ 아래 표의 빈칸에 측정값을 적으시오.

항목	R_1	R_2	R_3	R_4	V_1	V_2
측정값						

연습문제 9

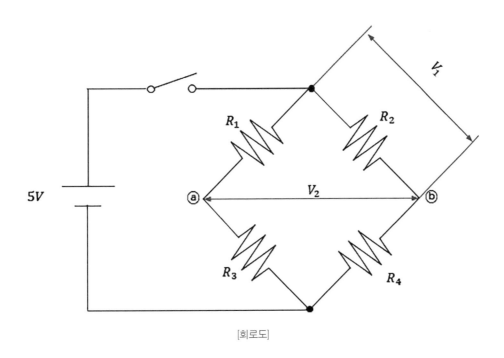

[회로도]

▶ 아래 표의 빈칸에 측정값을 적으시오.

항목	R_1	R_2	R_3	R_4	V_1	V_2
측정값						

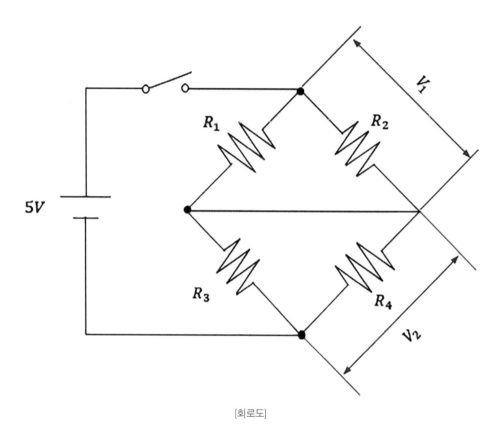

[회로도]

▶ 아래 표의 빈칸에 측정값을 적으시오.

항목	R_1	R_2	R_3	R_4	V_1	V_2
측정값						

▶ 참고 문헌

송요풍, 「기계제도」, 한국산업인력공단, 2012.
양장홍, 이상호, 「공유압」, 한국폴리텍대학, 2007.
최부희, 「설비진단」, 한국산업인력공단, 2013.

기계정비산업기사

기계정비실무 실기

2020년	1월	20일	1판	1쇄	인 쇄
2020년	1월	28일	1판	1쇄	발 행

지 은 이 : 박준호, 윤순배, 정용섭, 김진우

펴 낸 이 : 박정태

펴 낸 곳 : 광 문 각

10881
경기도 파주시 파주출판문화도시 광인사길 161
광문각 B/D 4층
등   록 : 1991. 5. 31 제12 - 484호
전 화(代) : 031-955-8787
팩   스 : 031-955-3730
E - mail : kwangmk7@hanmail.net
홈페이지 : www.kwangmoonkag.co.kr

ISBN : 978-89-7093-975-9   93550

값 : 20,000원